JN053200

地球規模の気象学

大気の大循環から理解する新しい気象学

保坂直紀 著

ブルーバックス

装幀／芦澤泰偉・五十嵐徹
カバー写真／気象庁HPより加工して作成
目次・章扉／中山康子
本文図版／さくら工芸社

まえがき

春。桜の花びらが風に舞う。わたしが住む大学街の桜並木を過ぎる風は、冬の季節とは違って、やさしく緩んだ春の心地よさを運んできてくれる。そして風は、ときに脅威にもなる。台風がもたらす暴風は、毎年のように日本列島に被害をおよぼす。

風はまた、わたしたちに無尽蔵のエネルギーをもたらす。やむことのない風の力は、太陽光とともに、くめども尽きぬ再生可能エネルギーのひとつとして注目されている。

地球は、その表面の7割が海におおわれた水の惑星。そして地球は、そう、「風の惑星」でもあるのだ。

地球には、さまざまな「風」が吹いている。

日本を含む中緯度帯のはるか上空には、ちょうどジェット旅客機が飛ぶくらいの高度を東向きに強い偏西風が流れている。地球をぐるりと一周する大規模な流れだ。

赤道の海域では、海面から得た水蒸気をたっぷり含む空気があちこちで上昇して積乱雲をつくり、赤道からやや離れたところで下降流となって亜熱帯の大気をかき混ぜている。

空気の流れを風というならば、これらももちろん風なのだが、地球規模のこれほど大きな流れになると、風というより、むしろ大気の循環といったほうが感覚的にぴったりくるだろう。

いずれにしても、わたしたちの地球は大気でおおわれていて、その大気がさまざまな規模で動いている。

地球規模の壮大なスケールの大気循環は、この地球の気候を決める最大の要因になっている。日本からはるか南に離れた赤道近くの島々は、いつも暑くて湿度も高い。だが、赤道からすこしだけ北に離れた地域には、サハラ砂漠を始めとする乾燥した一帯が広がっている。日本は温暖で暮らしやすい。北極や南極は寒い。こうなるように、地球の大気は流れている。

そして、この大気循環の標準パターンが崩れると、ときに異常気象ともいえるほどの熱波や干ばつなどが特定の地域を襲う。

こうした地球規模の大気循環について、これからお話ししていこう。

この本であきらかにしたいことはふたつある。ひとつは「なぜ大気は流れるのかという点」。もうひとつは「なぜ大気は、このようなパターンで流れるのかという点」だ。このふたつについて、その背景にある物理を確認しながら説明するのが、この本の目的だ。

これからお話しすることになるその答えを先取りしておこう。

まず、なぜ大気は流れるのかという問いに対する答え。空気という物体が動くのだから、エネルギー源が必要だ。そのエネルギー源は太陽からくる熱だ。太陽の熱が大気にエネルギーを与える。そのとき、赤道付近に与えられるエネルギーは、高緯度地域よりも多い。もしそのままであれば、赤道付近の気温は、いまよりもっと高温になってしまうはずだ。この赤道付近と高緯度地域の不均衡をならしているのが、地球規模の大気の流れなのだ。

もうひとつの、なぜこのようなパターンで流れるのかという点。赤道付近でもらい過ぎた熱エネルギーを大気が南北の極方向に運ぼうとするとき、地球のもつさまざまな性質が絡み合って、流れに一定のパターンができる。その理由を一言で説明するのは難しい。この芝居に登場する役者が多すぎるからだ。ここでは、地球が丸くて自転していることが大きな役割を果たしているとだけ指摘しておこう。

大気は、大小さまざまなスケールで循環する。たとえば海風と陸風。海岸付近の海と陸の気温差によって、昼は海から陸に、夜は陸から海に向かって風が吹く。たしかにこれも大気の循環だが、この本でお話ししたいのは、偏西風やジェット気流、偏東風といったスケールの大きな地球規模の大気の循環だ。そこで、ここから先では、こうした地球規模の大気の循環を大循環とよび、海風や陸風のような小さな循環とは区別しよう。

地球の気候は、大気の大循環が決めている。低緯度は暑く、中緯度は季節の移り変わりが明確で天気も変わりやすい。高緯度は寒い。この基本形をもたらすのが、大気の大循環だ。

この大循環そのものを日々の生活で感じるのは難しいが、その変化なら、わたしたちにも実感できる。たとえば、日本の上空を西から東へ吹いているジェット気流。北半球ではジェット気流の北側には冷たい空気があるので、そのルートが南寄りになると、日本には北側の寒気が流れこみやすくなる。それが冬だと、例年にない寒さがやってくる。

日々の天気であれ異常な天候であれ、その基本にあるのは大気の大循環だ。つぎの第1章で、地球大気の大循環はどこをどのように流れているのか、その概略をつかんでおこう。第2章からは、なぜそういう流れになるのかを、この大循環を構成するパーツごとに章を分けてお話ししていこう。

ブルーバックスの前著『謎解き・海洋と大気の物理』では、海を舞台として、そこでの流れ、つまり海流のしくみを理解するために必要な物理を解説した。地球上を「流れる」という点では大気も海と変わらないので、おなじ物理で説明できる大気の現象にも触れた。つまり、海洋と大気の流れに共通な基本的な物理についてお話ししたことになる。

それに対し、この本では、大気の大循環を理解しようとする際にしばしば現れる特有の考え方や、その基礎となるかなり高度な物理にも紙幅を割いた。前著が基本編だとすれば、本書はその気象編、あるいは応用編といってよいかもしれない。

第3章

隣どうしの空気は押し合う――気圧の話

第4章

地球は丸くて自転している—コリオリの力

第5章 偏西風が多彩な天気をつくる――ロスビー波

第6章 地球には山もあれば海もある

第1章

大循環は パーツに分かれている

大気の大循環の乾燥した気流が、赤道からやや離れた場所に
サハラ砂漠をつくった　写真:アフロ

■地球にはいつもきまった風が吹いている

東京の羽田空港から太平洋を越えてアメリカのワシントンに飛行機で行くとしよう。直行便だと13時間ほどでワシントンに着く。ところが、ワシントンから羽田までは14時間あまり。行きより帰りのほうが時間がかかる。

それは、この旅客機が飛ぶ中緯度の上空1万メートルのあたりには、つねに東向きの強い風が吹いているからだ。季節によって西向きになったりはしない。アメリカへ東向きに飛ぶ飛行機にとってはいつも追い風で、反対に日本に来る飛行機は風に逆らって進むことになる。

この風は、中緯度上空を、地球をぐるりと一周するように吹く大規模な流れだ。この流れを「偏西風」という。偏西風のなかでもとくに流れの強い部分は「ジェット気流」とよばれており、高度1万メートルくらいにある。ジェット機が飛ぶ気流というわけではない。液体や気体の細く強い流れを意味する「ジェット」が地球の大気のなかにできているのだ。

このように、地球には、いつもきまった風が吹いているところがある。人々は古くからそれに気づいていた。いまから600年ほど昔の15世紀に始まった大航海時代。ヨーロッパからアメリカ大陸へ大西洋を西に進む帆船は、熱帯付近の低緯度にいつも吹いている東寄りに吹く風を利用したという。この風が「偏東風」だ。

この偏東風は「貿易風」とよばれることもある。これは英語の「トレード・ウィンド（trade

wind)」の直訳だ。いまでこそ「トレード」といえば「貿易」だが、もともとは「通り道」を指しており、むかしは「定風《じょうふう》」「恒信風《こうしんふう》」とよばれていた。帆船がいつもおなじ進路をとれるくらい、一定の向きに吹いている風という意味だ。

地球の風は、わたしたちの身の回りでは、あちらに吹いたりこちらに吹いたり変化が激しいが、それでも大局的には、いつもおなじように吹いている。去年と今年とでまったく違ってしまったということはない。それが偏西風や偏東風であり、こうした風は、地球の気候とも深い関係にある。

中学や高校の地理で「ケッペンの気候区分」を習う（図1－1）。西岸海洋性気候、熱帯雨林気候といった言葉に覚えがあるだろう。これは、ロシアに生まれたドイツの気候学者ウラジーミル＝ペーター＝ケッペンが20世紀初めに提唱したものだ。ケッペンは世界の各地域が違った植生をもつことに注目し、木や草の生育に影響が大きい「気温」と「降水量」をもとに、世界を五つの気候帯とそれを細分した13の気候区に分けた。

この気候区分では、赤道に沿って熱帯気候が広がり、その高緯度側には順に乾燥帯気候、温帯気候、亜寒帯気候、寒帯気候が並ぶ。南半球に亜寒帯気候はない。

「ケッペンの気候区分は、そのような気候帯が生ずるしくみに触れていないので、なぜそうなるかが理解できない」「四国と東北がおなじ気候区といわれても、実感と合わない」といった批判

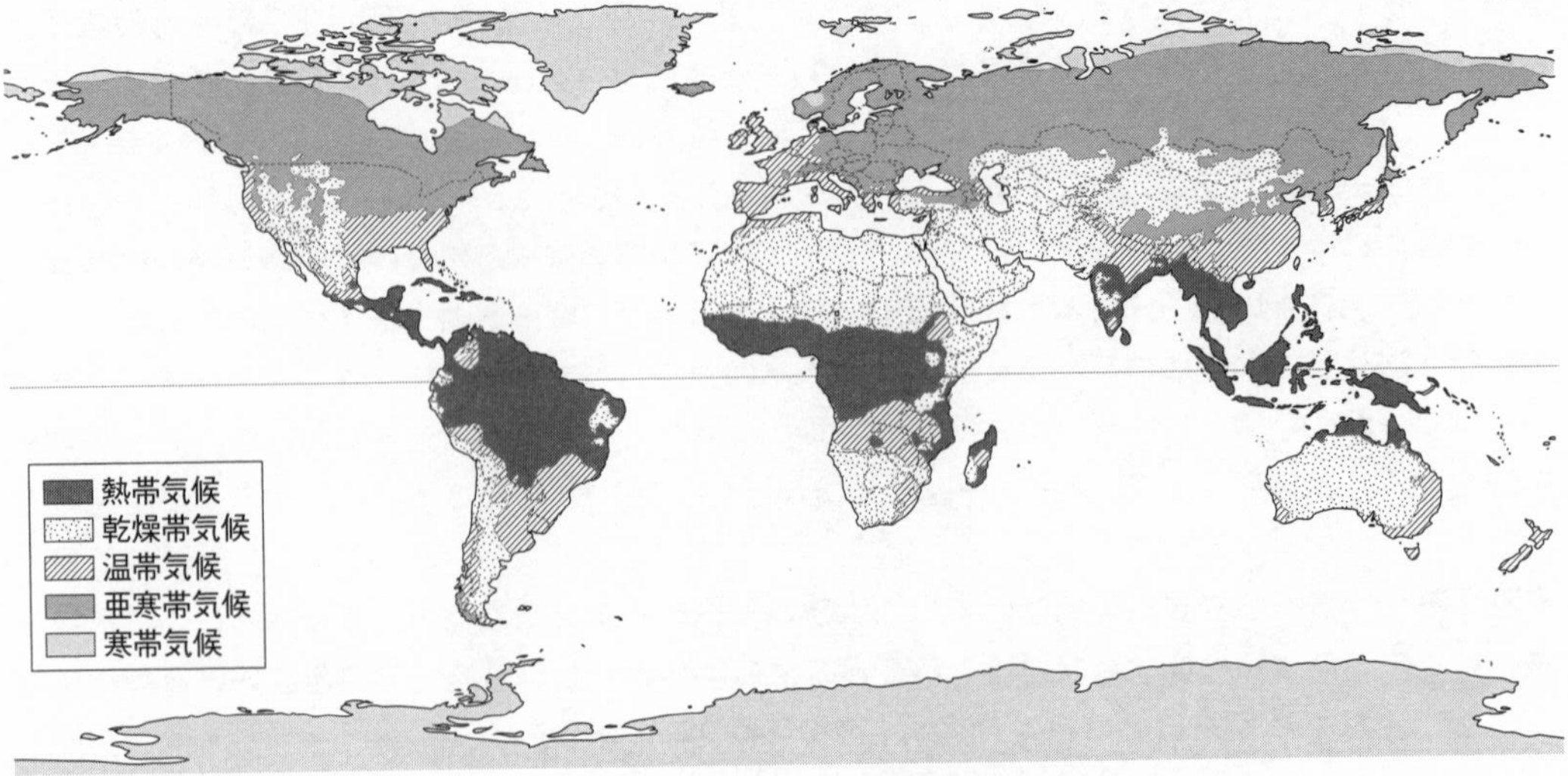

図1-1　ケッペンの気候区分

熱帯気候から寒帯気候までの五つの気候帯が、低緯度から高緯度に向けて並んでいる。地形などの影響で、気候帯はかならずしも緯度に平行にはならないはあるが、それでも、地球の気候をおおまかに可視化した意義は大きいだろう。

■大気は上昇し、下降する

地球規模の大きな大気の流れを大循環とよぶことは、「まえがき」でお話しした。大循環の物理から考えると、さきほどの偏西風と偏東風は、それぞれ別のしくみで生じている。そのしくみを理解することで、地球の気候がケッペンのように分けられる理由がわかる。実態と理由がここで結びつくわけだ。その話は、第2章から先で詳しくしていくことにして、ここではまず、地球規模で風はどのように吹き、それにどういう名前がついているのかをみておこう。

まず、北半球の地上付近を吹く風からみていこう（図1－2）。

赤道付近から亜熱帯にかけての領域では、北東から南西に向けた風が吹いている。これが「北東貿易風」だ。さきほど偏東風と説明した風は、この北東貿易風を指している。亜熱帯から亜寒帯にかけての中緯度帯で優勢なのは、南西から北東に向けて吹く風だ。それより高緯度側には、北東貿易風と似た「極偏東風」が吹く。このように、緯度帯によって別の特徴をもった風が吹いているわけだ。

では、上空にはどのような風が吹いているのだろうか？

熱帯から亜熱帯にかけての地上付近では北東貿易風が吹くが、上空では、逆に南西から北東に

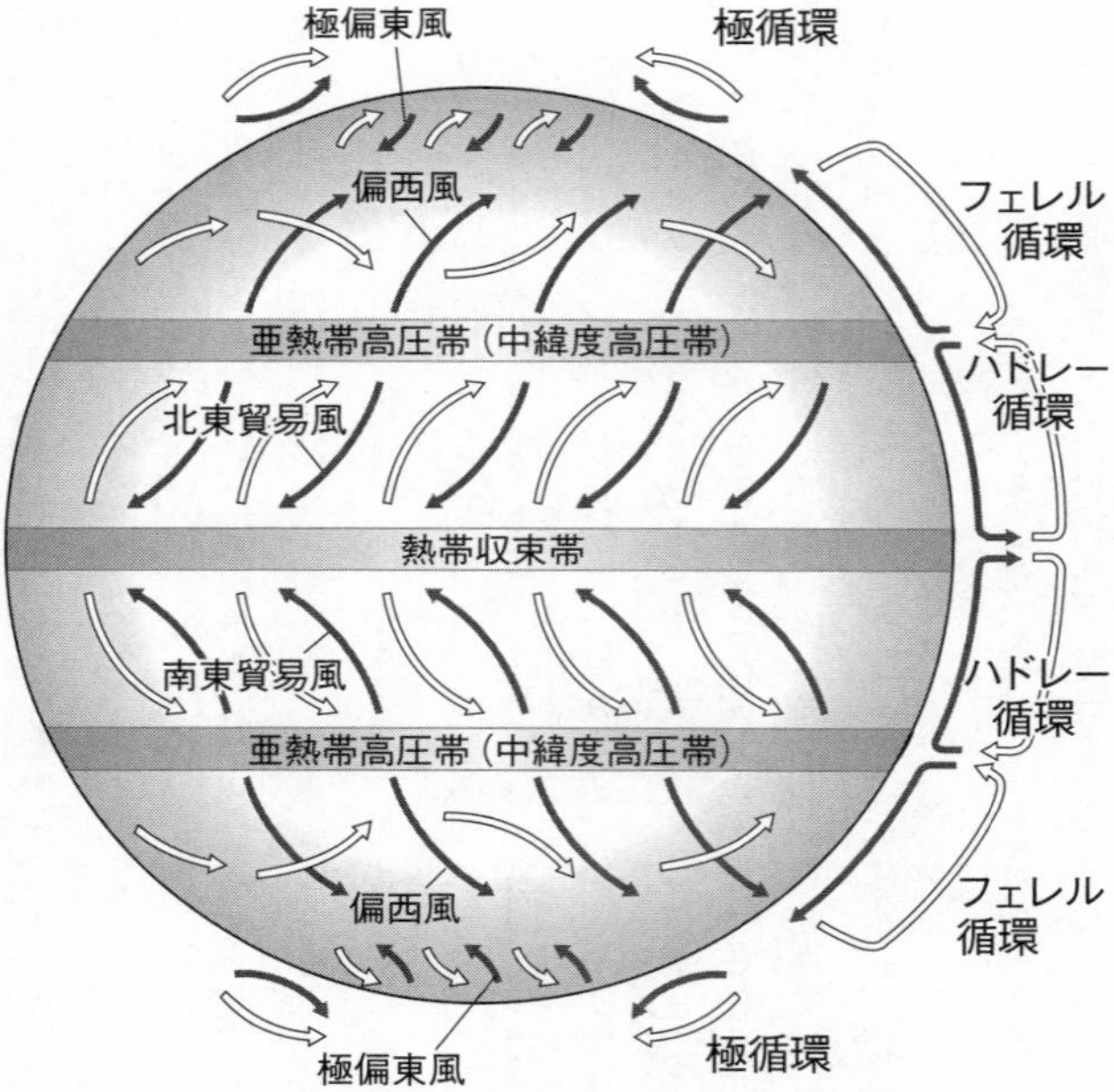

図1-2　地球大気の大循環

大気大循環の概念図。ここでは、海や陸の分布などが影響する大気の特徴的な流れは無視し、大循環を考える際の出発点になる基本的な構造を示している

向けた風が吹いている。この風が亜熱帯付近で下降し、地上付近で赤道に向けて戻る。この戻りが北東貿易風なのだ。赤道近くでこれがふたたび上昇し、また亜熱帯に向けて上空を北東向きに流れていく。この閉じた空気の循環にはハドレー循環という名前がついている。

中緯度の上空で優勢なのは、西から東に地球をぐるりと一周する「偏西風」だ。偏西風は蛇行して流れることが多く、そこには高気圧や低気圧が複雑に発生するので、平均すると上空では北から南に向けた流れがみられる。地上では北向き、上空では南向きのこの循環はフェレル循環とよばれている。その高緯度側の上空は極に向かう風。ここにも循環ができていて、それが極循環だ。

さきほど、偏西風や偏東風などの風は気候とも深い関係にあると述べた。これについても、すこし触れておこう。

ハドレー循環は、亜熱帯の緯度で下降する。大気の気圧は地面に近いほど高いので、空気が下降してくると、その空気は圧縮されて温度は上がる。温度が上がると、その空気が含むことのできる水蒸気の量は増える。したがって、降水量は少なく、よく晴れる。

降水量が少なく晴天が多ければ、その土地は乾燥する。ケッペンの気候区分で熱帯気候の高緯度側、つまり亜熱帯の緯度帯が乾燥帯気候と名づけられているのは、そういう理由だ。アフリカ北部のサハラ砂漠やオーストラリアにある数々の砂漠、アフリカ南部のカラハリ砂漠。雨が少なく砂や岩石でおおわれたこれらの砂漠は、暑い赤道直下ではなく、いずれも30度前後の緯度にある。ちょうどハドレー循環で気流が下降してくる位置だ。

ハドレー循環の下降域である亜熱帯から中緯度にかけては高気圧におおわれていることが多く、この緯度帯を気象学では「亜熱帯高圧帯」「中緯度高圧帯」とよぶ。

赤道付近には「熱帯収束帯」がある。ハドレー循環による地上付近の風は、北半球では北から、南半球では南から吹いてくる。だから赤道付近でぶつかる。ぶつかって行き場を失った風は上昇する。上昇すれば雲ができる。ただでさえ海面の水温が高く、海水の蒸発がさかんな緯度だ。雲の原料になる水蒸気がたっぷり供給され、もくもくと雲が立つ。そうした積乱雲が台風などの熱帯低気圧の卵になる。「収束」とは、流れが周りから集まってくるという意味だ。

■地球の大気は層に分かれている

いま説明してきた大気の流れは、地上から高度十数キロメートルくらいまでの「対流圏」で起きている現象だ。地球の大気は、対流圏を含むいくつかの層に分かれている。その話をしておこう（図1－3）。

山のふもとより頂上のほうが寒い。高く上れば気温は下がる。これは、わたしたちが暮らす「対流圏」の感覚だ。対流圏は、地上から高度十数キロメートルまでの大気の層だ。高度1キロメートルにつき気温は約6・5度Cずつ下がる。対流圏の上端ではマイナス60～マイナス50度Cになっている。

対流圏の大気を暖める主要な熱源は地面だ。太陽からくるエネルギーのうち2割は大気や雲に吸収されるが、全体の半分は地面に吸収される。それだけでなく、いったんは大気や雲に吸収さ

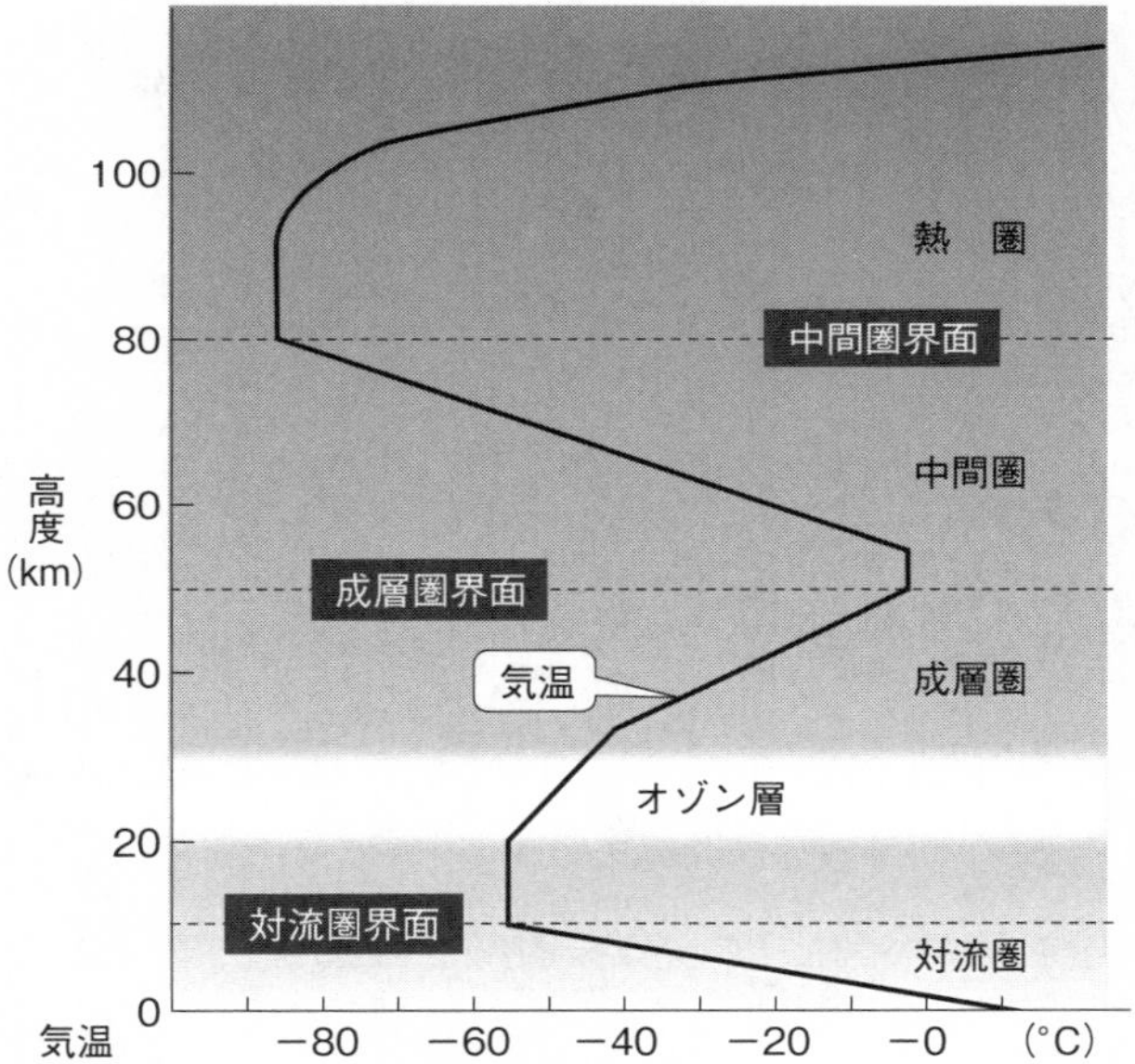

図1-3　大気の構造

地球の大気は、「対流圏」から「熱圏」までの4層に分かれている。それぞれの層で、高度とともに気温が上がるか下がるかが違う

れたエネルギーも赤外線として再放出され、これも地面を温める。こうして温まった地面から赤外線が放射され、それが大気を暖める。おもな熱源になる。だから、対流圏の気温は、地面に近い低高度で高い。

詳しくは第2章で説明するが、対流圏では、空気が上下にかき混ぜられる「対流」が起きやすい。大気の動きが活発で、高気圧や低気圧などによる変化に富んだ気象がみられるのも、この対流圏だ。

対流圏の上に載っている層が「成層圏」だ。対流圏との境目を「対流圏界面」あるいはたんに「圏界面」という。成層圏では、対流圏とは逆に、高度が増すほど気温は上がる。

成層圏の高度20〜30キロメートルにはオゾンの多い「オゾン層」がある。オゾンは太陽の紫外線を吸収して成層圏を暖める効果がある。わたしたちにとって有害な紫外線のほとんどが地表に届かないのは、オゾンが吸収してくれるからだ。

成層圏の上端は高度約50キロメートルで、この高度まで気温は上がり続ける。オゾンが多いのは高度25キロメートル前後だが、太陽からの紫外線はそれより高い位置からすでに吸収され始めているため、結果として、オゾン層より上で気温はさらに高くなる。成層圏では、冷たい空気の上に暖かく軽い空気が載っているので、基本的には対流圏のような激しい現象が起きない安定な構造だ。

成層圏の上端、すなわち「成層圏界面」で接しているさらに上の層が「中間圏」だ。高度80キロメートルくらいまで続いている。ここでは、対流圏とおなじように、高度とともに気温は下がる。

中間圏の上の「熱圏」では高度とともに気温は上がり、高度百数十キロメートルで300度Cを超える。宇宙を漂うちりが高速で地球大気に突入して光る「流星」や、太陽から飛来した電気を帯びた粒子が地球大気の成分粒子と衝突して発光する「オーロラ」は、この熱圏で起こる現象だ。

■さまざまなスケールの流れ

大気大循環という流れの特徴をはっきり意識するために、地球の大気に現れるいろいろな流れを概観しておこう。

大気の動きにはさまざまな規模のものがある。ここでは、その現象の動きがおよぶ広がりの大きさを「運動スケール」とよぶことにしよう。

物理学では、「動き」のことを「運動」という。おなじ運動でも、体を動かす運動は英語でいえばエクササイズ（exercise）だが、物理学の運動はモーション（motion）。物体が時間の経過とともに空間内の位置を変えることだ。

気象学で運動スケールといえば、ふつう横方向の広がりに注目する。それは、ごく規模の小さな現象を除き、気象学で扱う現象は、上下方向に比べて横方向の広がりが大きいからだ。地球規模の現象なら、なおさらだ。

気象でよく目にする現象を、運動スケールの小さいほうからみていこう。

原っぱなどの開けた場所で晴れた日に発生する「つむじ風」という現象がある。空気の渦が地面から上空に立ち上がる。そのとき砂や土ぼこりが一緒に舞い上がれば目に見える。お祭りや運動会などの会場でこれが起こると、テントが巻き上げられたりする。前兆もなくいきなり発生するので始末が悪い。つむじ風の運動スケールは10メートル程度で、数ある大気の現象のなかでは、かなり小さいほうだ。

おなじ渦巻く風でも「竜巻」となると、大きなものでは運動スケールが数百メートルにもなる。アメリカでは日本ではみられないほどの強い竜巻がしばしば発生し、多数の家屋が損壊する大きな被害がでる。上空には積乱雲などの雲があり、竜巻は地面から雲までつながっている。つむじ風の場合は上空にそのような雲はなく、このふたつはまったく別の現象だ。

つむじ風や竜巻に代表される数キロメートルまでの運動スケールは、小さなスケールという意味で「ミクロスケール」とよばれることがある。つむじ風のようなまとまった形をとらなくても、わたしたちの周りで風は不規則に変動している。たき火をすると、煙はこちらに来たり向こうに流れたりする。空気があちこちで小さな渦を巻いているからだ。これもミクロスケールの現象だ。

ミクロスケールがあれば「マクロスケール」の現象もある。大きなスケールという意味で、数千キロメートル以上の広がりをもつ。テレビで天気予報を見ていると、「西から気圧の谷が近づくので、天気は下り坂です」などという。気圧の低い部分が高緯度から南下する「気圧の谷」は日本列島を超えるような規模をもち、それにともなう高気圧や低気圧などとともにマクロスケールの現象だ。さらに大きなスケールの現象、たとえば地球を東西にぐるりと一周する偏西風や、その流れの強い部分であるジェット気流もマクロスケールだ。

ミクロとマクロのあいだに挟まれているのが「メソ（中間）スケール」の現象だ。海岸で昼夜の風向きが変わる海風や陸風、集中豪雨、台風などがこのメソスケールに含まれる。台風は熱帯で発生する低気圧が発達したもので、強くはなるものの、運動スケールは温帯の高気圧や低気圧より小さい。

こうみてくると、大気の運動には、ほんとうにさまざまなスケールがある。10センチメートルクラスの小さな渦から、地球をとりまく何万キロメートルにもなる流れまで。その差、というか比は1億倍以上にもなっている。運動スケールに応じてそれぞれの現象のしくみも違えば、その現象をつくりだす有効な力も違ってくる。

この本では、対流圏にみられる大規模な運動スケールの現象をおもに扱う。いまの話でいうと、マクロスケールの現象が中心になる。そこでは「コリオリの力」という特殊な力が重要なはたらきを演じることになる。

一般に大気の大循環というと、対流圏だけではなく成層圏や中間圏などを含むマクロスケールの大気の流れを指すが、この本では、とくに断らないかぎり、対流圏の大循環のことだと思ってほしい。対流圏で暮らすわたしたちと密に関係する大規模な大気の流れだ。

ここであらためて指摘しておきたいのは、これから扱う大気の大規模な現象は、とても平べったいということだ。大気大循環の舞台となる対流圏は、地上から高度十数キロメートルまでにすぎない。この薄い大気層のなかで、たとえばジェット気流は、西から東へ何千キロメートル、何万キロメートルという地球規模のスケールを進みつつ蛇行する。高さの広がりに比べて、水平方向の広がりは圧倒的に大きい。

台風は、この本で扱う現象としては運動スケールが最小の部類だが、それでも強風域の直径は数百キロメートルにもなる。大きなものでは1000キロメートルを超える。一方、高さはやはりせいぜい十数キロメートル。高さは水平方向の広がりの100分の1しかない。1メートルの広がりに対して1センチメートルの厚さだ。気象関係の書籍でよく見る台風の模式図は縦横おなじくらいの大きさで描いてあるが、それは横方向をぎゅっと縮めて縦に伸ばして描いてあるから。実際には、台風でさえじつに平べったい現象なのだ。

第3章の冒頭であらためて触れるが、もし地球が直径60センチメートルの球ならば、対流圏の厚さはわずか0・5ミリメートルにすぎない。ハドレー循環や偏西風は、このほんの薄い地球の皮のような対流圏のなかで生まれている現象だ。

したがって、高さ方向の大気の動きは、水平方向の動きに比べて抑えられている。台風の内部には激しい上昇気流があり、ハドレー循環の出発点も赤道付近の上昇気流だ。こうした高さ方向の動きは、しくみのうえでは決定的に重要だが、大気の大循環を考えるとき、やはり主役は水平方向の動きだ。

地球上で動く物体にはたらく「コリオリの力」は、ほんとうは水平方向に動く大気にも、高さ方向に動く大気にもはたらく。だが、大循環を考える際には、水平方向の流れにはたらくコリオリの力しか考えない。現象を起こすきっかけとして高さ方向の動きは重要だが、いったん大循環スケールの現象が起きてしまえば、あとは水平方向の動きにだけ注目する。それが大気大循環の物理を考えていくコツだ。

■対流圏の中緯度は西風の世界

対流圏でみられるマクロスケールの大気の流れでまず押さえておきたい点は、さきほどの偏西風とハドレー循環の話でわかるように、低緯度の大気循環と中高緯度の大気循環とでは、その様子が大きく異なっていることだ。低緯度では大気の上昇と下降、それと南北向きの流れが基本になっている。それに対し、中高緯度では東西方向の流れが支配的だ。

まず、地球上で吹く東西方向の風の速さをみてみよう。

東西方向の風といっても、風はふつう真東や真西に向かって吹いてはいない。たとえば北東向きの風は、北と東のあいだに向けて吹く。北向きの程度と東向きの程度がおなじとき、すなわち北向き成分と東向き成分の大きさがおなじとき、それが合わさってこの風は北東に向く。もし、風が東北東に向かっていれば、北向きの成分に比べて東向きの成分が大きい。さきほどの北東向きの風と速さがおなじならば、この東北東向きの風のほうが、東向きの成分は大きくなる。いまここでみていくのは、この東向きの成分だ。

図1－4は、上空を12～2月に吹く風の東向き成分が、緯度と高度でどのように変化しているかを示している。

この図でなんといっても特徴的なのは、南北の緯度30～40度、高度12～15キロメートルのあたりに、とても強い西風が吹いている点だ。これが第3章から先で説明するジェット気流だ。ほぼ一定の緯度に沿って、地球をぐるりと一周している。ジェット気流を中心とするこの東向きの大気の流れを「偏西風」ということは、すでにお話しした。冬の北半球でも夏の南半球でも風の向きは東向きだ。

北半球の夏、南半球の冬にあたる6～8月の東向き成分もみておこう（図1－5）。中緯度上空にジェット気流が存在することに変わりはないが、北半球ではかなり弱くなっている。北半球のジェット気流は、冬に強く夏には弱い。南半球のジェット気流は、北半球ほど季節による違いはない。

いまお話ししたジェット気流は「亜熱帯ジェット気流」とよばれている。あとで述べる「寒帯

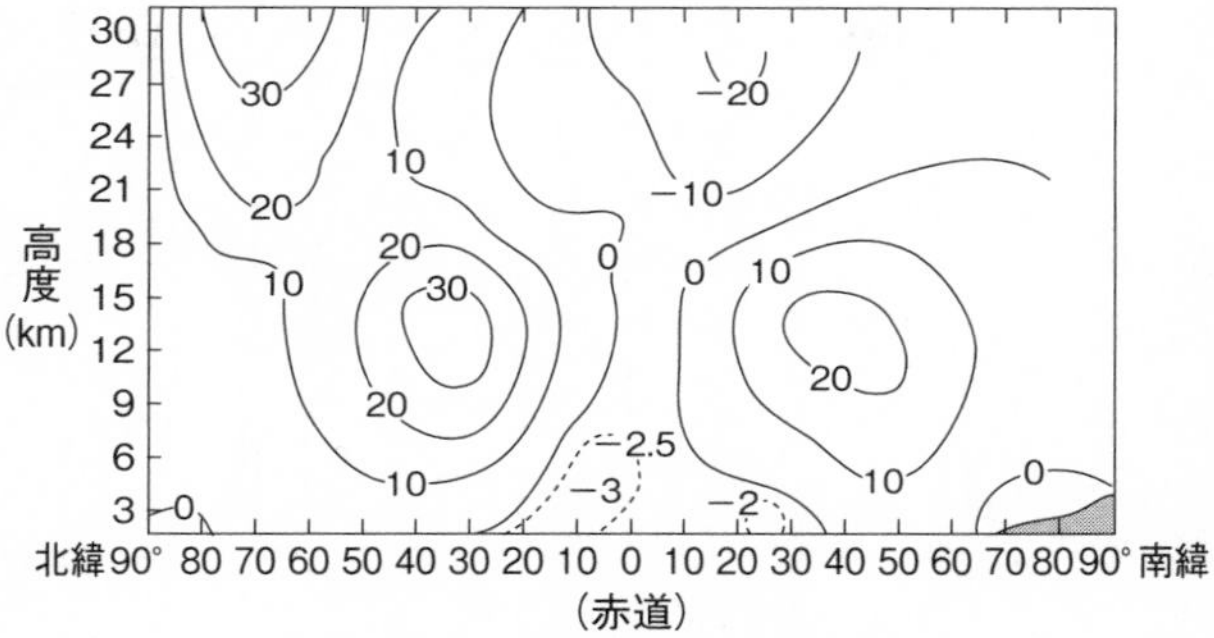

図1-4　東向きに吹く風の分布(12〜2月)

図の左端が北極で右端が南極、中央が赤道。地球全体をみたとき、東向きの風がどの緯度、高度で強く吹いているかを示している。風速の単位はメートル毎秒。プラスの数字が東向きで、マイナスは西向き(日本気象学会編『気象科学辞典』をもとに作成)

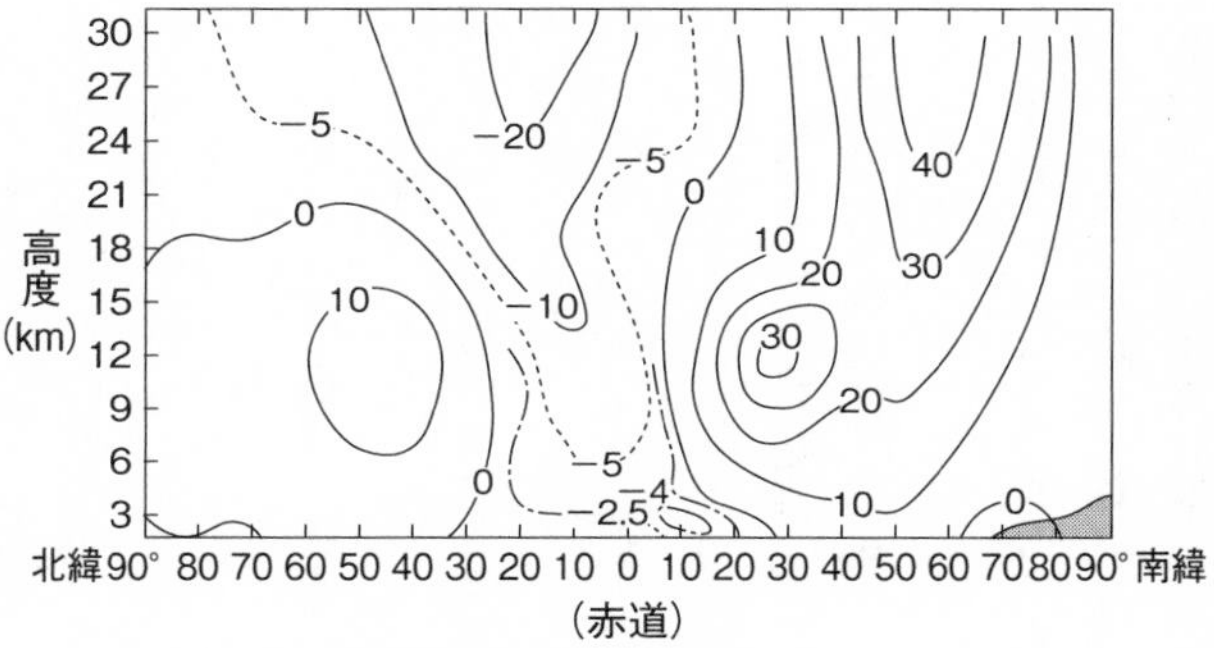

図1-5　東向きに吹く風の分布(6〜8月)

図1-4とおなじで、季節が北半球の夏

前線ジェット気流」のように大きく蛇行することもなく、年間を通じて安定して流れている。

日本列島の上空にも、この亜熱帯ジェット気流はやってくる。北半球の亜熱帯ジェット気流は、冬に比べて夏は北を流れる。梅雨の時期にちょうど日本列島の上空にさしかかり、さらに北上して日本列島がその南側に入ると、夏になる。

対流圏の中緯度には、もうひとつ、さきほど触れた「寒帯前線ジェット気流」あるいは「寒帯ジェット気流」「亜寒帯ジェット気流」とよばれているジェット気流がある。

寒帯前線ジェット気流は、亜熱帯ジェット気流より高緯度の60度くらいの位置にできる。だが、図1－4や図1－5からその存在を読み取ることは難しい。なぜか。

それは、寒帯前線ジェット気流は流れる道筋の変動が激しいからだ。地球を一周する途中で途切れてしまうこともある。蛇行しすぎて、一部が西向きに流れてしまうことさえある。したがって、たとえば3ヵ月の平均をとると、時とともに変化するさまざまな道筋が相殺《そうさい》されて、「平均像」としてはでてきにくい。1週間といった短期間の平均なら、その姿を確認できる。逆にいうと、亜熱帯ジェット気流は長期にわたってとても安定しているのだ。

このように、「時間」や「空間」について平均をとった「平均像」には注意が必要だ。たとえその地域に夏は強い東風、冬には西風が吹いていたとしても、年間の平均をとれば、ほとんど無風という「平均像」が得られるかもしれない。もちろん季節ごとの平均をとれば、その実像は表現されるだろう。場所によって異なる現象が混在する場合、それをたとえば東西方向に平均して得られた像についても同様だ。個々の現象が隠れてしまうことがある。

中高緯度の大気の平均的な流れは、南北方向の成分に比べて東向きの成分が圧倒的に大きい。この本でおもに扱うのは、高度十数キロメートルまでの「対流圏」だ。その対流圏の中高緯度は、中緯度上空のジェット気流を中心とする西風の世界なのだ。

■低緯度では南北の循環が主役

図1－4や図1－5でもうひとつ注意しておきたいのは、赤道近くの低緯度に弱いマイナスの成分、すなわち西向きの成分がみられることだ。低緯度の地上から数キロメートルまでの低い高度に、東から西に向かう風が吹いている。これが、さきほどお話しした「貿易風」だ。

この図で西向きの風が示されているといっても、真西に向かう風が吹いているとはかぎらない。北西向き、南西向きのように、風の方向に西向きの成分が含まれているということだ。

地表付近の低い高度でこの東風を生みだしているのがハドレー循環だ。これが低緯度の大気の動きを特徴づけている。北半球の場合、上昇した大気は対流圏の上部で北に向かう。そして北緯30度のあたりで下降する。これが地表近くで南に向かい、赤道付近に戻る。低緯度では、このような上昇と下降、南北方向の流れからなる循環が主役だ。南半球にもおなじ循環がある。

ここまでの話をまとめると、こうなる。

大気の大循環は、低緯度と中高緯度とでは様相が違う。低緯度の大気大循環は、赤道から30度くらいの緯度にかけて南北に循環する閉じた大気の流れが特徴だ。ハドレー循環とよばれるこの流れは、それより高緯度側にはしみださない。中高緯度では、中緯度上空のジェット気流に代表される東向きの流れが卓越している。

低緯度はハドレー循環で中高緯度は偏西風。別々のパーツでできている。これが、地球をめぐる大気大循環のもっともシンプルな描像だ。

■中緯度の西風は蛇行する

さきほどのジェット気流について、もうひとつ説明を加えておこう。それは、ジェット気流の蛇行だ。ジェット気流は西から東に流れて地球を一周するが、まっすぐ流れているわけではない。たいてい蛇行している。とくに寒帯前線ジェット気流は蛇行が激しい。

ジェット気流のような地球規模の強い流れは、南北で気温差が大きいその境目にできる。そして、極に近い高緯度側の気温は低く、低緯度側は暖かい。したがって、その蛇行の道筋がふだんと変わると、中高緯度の各地に猛暑や寒波のような異常とも思える天候をもたらす。

たとえば北半球のある場所で冬にジェット気流が南に蛇行すれば、そこは気流北側の寒気にさらされることになるので、ふだん以上に寒い日が続く。逆に北に蛇行すれば、それが夏なら猛暑が続くことになる。

ただし、ジェット気流はどこでも自由に蛇行できるかというと、かならずしもそうではない。ジェット気流の蛇行には発生しやすいパターンがある。それは地形の影響を受けるからだ。

たとえば、日本列島からはるか西方にある平均標高が4500メートルを超えるチベット高原。これほどまでに高い地形は上空の亜熱帯ジェット気流にとって邪魔になり、蛇行の発生源にもなる。そのため蛇行の始まりがそこにピン止めされ、下流の日本列島付近に、しばしば似たようなパターンの蛇行が居すわる。これが日本の猛暑の原因になることが、たびたびある。

猛暑や寒波のような特異な現象だけではない。中緯度で暮らすわたしたちが日常的に体験する低気圧や高気圧も、ジェット気流の蛇行と関係が深い。

わたしたちになじみがある低気圧には、「温帯低気圧」と「熱帯低気圧」の2種類がある。ごくふつうに日本列島のあたりを西から東に移動していく低気圧が温帯低気圧で、台風は熱帯低気圧だ。渦巻く大気の中心で気圧が低くなっているという点ではおなじだが、その構造も、できるしくみもまったく違う。

このうち温帯低気圧と深く関係しているのが寒帯前線ジェット気流の蛇行だ。わたしたちの頭上を過ぎるひとつの温帯低気圧と、つぎにやってくる温帯低気圧のあいだには、高気圧が挟まれていることが多い。低気圧と高気圧が交互に並んでいる。この低気圧と高気圧のできる位置が、上空を流れるジェット気流の蛇行の位置に対応している。

粗っぽい言い方をすれば、ジェット気流の蛇行を地上に投影したものが低気圧と高気圧だ。わたしたちが暮らす中緯度は南北の気温差が大きく、したがって強い偏西風が吹き、その蛇行が低気圧や高気圧をともなっている。

■これからお話しすること

これまでお話ししてきたように、大気の大循環は、いくつかの特徴的なパーツに分かれている。この第1章に続く第2章から、個々のパーツに焦点をあてて、どういうしくみでその流れができるのかを詳しく説明していく。こうして、大気大循環の基本形をつかむことを目指そう。その際、木を見て森を見ずにならないよう、それぞれの現象の説明が全体像のどの部分なのかを意識したい。

第2章は、大気の大循環を駆動するエネルギー源の話から始めよう。太陽光のエネルギーが地面や大気に分配され、その不均一が大気を動かす。熱を与えられた空気は膨張して浮力を得て、上昇する。こうした熱のはたらきで、低緯度の大気は循環する。赤道近くの熱帯で上昇し、すこし離れた亜熱帯で下降してくる。第2章は、対象としては低緯度の大気の循環、物理としては熱と大気がテーマだ。

第3章では、大気を動かす力についてお話ししたい。気圧傾度力、コリオリの力といったキーワードが、ここで登場する。第4章以降に話を進めるための基礎を、ここで固めておこう。ふだんよく目にする地上天気図のほかに、たとえば高さ5500メートルくらいの上空を吹いている風を示す高層天気図にも触れる。

コリオリの力をさらに詳しく説明していくのが第4章だ。コリオリの力は、つむじ風や積乱雲の発生といった小さいスケールの現象には関係しないが、偏西風のような地球規模の流れを実現するには必須の力だ。なぜ大きなスケールの大気の流れにはコリオリの力が不可欠なのかも、ここで説明しておきたい。偏西風帯のジェット気流が高度10キロメートルもの高い位置を流れる理由もわかるはずだ。話の中心は中緯度の大気循環だ。

第5章の主役は、中緯度の大循環に特徴的に現れるロスビー波という風変わりな波動だ。ジェット気流の蛇行にも深くかかわっている。大気の大循環を深く理解するためには、どうしても越えなければならない大きな山場だ。その際に必要な絶対渦度《ぜったいうずど》の保存という重要な法則も、ここで説明する。ロスビー波になじむと、世界の各地に異常気象をもたらすブロッキングという現象がわかる。大気の流れに生じる乱れを扱う「流れの不安定」という考え方にも、ここで触れておきたい。

第5章までは、大気大循環のしくみを端的に理解するために、陸と海の区別がない仮想的な地球を扱う。最後の第6章では、チベット高原やロッキー山脈といった地形が大気の大循環に与える影響を考えていく。日本のはるか西方にあるチベット高原が、ロスビー波などのしくみを通して、わたしたちが暮らす気候に大きな影響を与えていることがわかるはずだ。

これからのお話に登場する気象学のキーワードを列挙してみよう。「長波放射」「短波放射」「静水圧平衡」「温位」「コリオリの力」「気圧傾度力」「等高度線」「スケール解析」「温度風」「鉛直シアー」「ロスビー波」「相対渦度《そうたいうずど》」「絶対渦度」「傾圧不安定波」「ポテンシャル渦度」「テレコネクション」「カオス」「非線形」など。ほぼ登場順に並べたので、すでにある程度の知識をお持ちなら、大気大循環を構成する個々の現象をどのように、どれくらいの深さで説明してあるのか、おおよその見当がつくかもしれない。

暖まった空気は上昇する——熱の話

第2章

赤道のやや北には、多くの積乱雲が立つ「熱帯収束帯」が東西に延びている　©NASA

■「熱」は大気を動かす原動力

地球の大気大循環を駆動するエネルギー源は、太陽からやってくる光だ。この光が大地を温め、その熱が大気に伝わる。太陽から受ける光は、北極や南極の近くより赤道のあたりのほうが多いので、低緯度は暑く、高緯度は寒い。だが、その寒暖差は、太陽光の強弱から考えられるほどには大きくない。大気と海洋の流れが、熱を低緯度から高緯度へ運ぶからだ。その過程でできあがった大気の大規模な流れが大気の大循環だ。

この第2章では、太陽から光を受けて地球の大気が動き始める話をしよう。とくに強い光を受ける赤道近くの大気が話の中心になる。第1章で示した大循環の基本形のうち、ここの話で主役になるパーツは「ハドレー循環」だ。

物理の観点でいえば、「熱」の話をすることになる。空気は熱を吸収すると膨張し、軽くなって上昇する。大気は水蒸気を含んでいるので、上昇して温度が下がると雲ができ、そのとき熱を放出する。この過程が重要な現象に積乱雲の発生がある。大循環ではないが、こうした話にも触れることにしよう。

大気の大循環を納得するには、このほかにもいくつか物理に関連する考え方が必要だ。たとえば、気圧、地球の自転など。さらに、現実的には地球の海陸分布も重要だ。これらについては章を改めてお話ししたい。

この章では、まず、太陽から多量のエネルギーが地球にもたらされるところから話を始めたい。エネルギーをもらう一方だと地球はどんどん加熱されてしまうので、地球から宇宙へエネルギーが出ていってバランスがとれているはずだ。入るエネルギーと出るエネルギーとは、なにが違うのか？　これは地球温暖化を理解するポイントにもなる。

地表付近で暖まった空気は上昇する。上昇を始めてもやがて止まってしまう空気と、どんどん上昇して巨大な積乱雲をつくるような空気の違いはなにか？　赤道付近の暖かい地帯で上昇した空気は、どこへ行くのか？　そういった「熱」と大気のお話を、これからしていこう。

■太陽から受けるエネルギーは巨大だ

太陽は水素の塊だ。この水素がエネルギーを生みだしている。太陽の内部では、水素の原子核4個が融合して1個のヘリウム原子核になる。そのとき質量（重さ）が0・7%ほど失われる。この失われた質量がエネルギーに変換される。かのアルベルト＝アインシュタインが1905年に提唱した特殊相対性理論から導かれる「質量とエネルギーは等価である」という驚きの方程式が、まさにこれである。この反応を核融合という。

核融合では膨大なエネルギーが生まれる。質量1グラムから生まれるエネルギーは2500万キロワット時。日本の年間電力消費量は約1兆キロワット時だから、核融合を使えば、わずか40

キログラムの質量で日本全体の電気を1年間まかなえることになる。

夜空に輝く星の多くは、この核融合反応で自ら光を発している。わたしたちにとって特別に身近で重要な太陽も、宇宙全体でみれば、ごくありふれた星のひとつだ。その太陽から大量のエネルギーが光として地球に届く。

太陽は四方八方に光を放出している。このうちのごく一部が地球を照らす。地球の半径は約6400キロメートル。太陽から地球を目指す光にとって、地球はこの半径をもつ円にみえる。太陽から約1億5000万キロメートル離れたこの円を照らす光のエネルギーは、1平方メートルあたり1365ワットにもなる。もしこのエネルギーをすべて電気に変えることができれば、1メートル四方を照らす太陽エネルギーだけで100ワットの電球を13個もともせるわけだ。

もっとも、この値は、太陽光をその光の向きと直角な地面が受けたとき、つまり完全に真上から太陽光を受けたと仮定したときの数字だ。実際には地球は球体だから、太陽光は真上からやってくるとはかぎらない。たいていは地面に対して斜めからやってくる。そのぶんだけ光は弱まる。朝夕の太陽が昼間の太陽より弱いのとおなじ理屈だ。そのため、地球の地面が受ける太陽エネルギーの平均は、さきほど述べた値の4分の1になる。

もうひとつ補足しておくと、実際に地面に届く太陽光のエネルギーは、これより弱い。雲で宇宙空間にはねかえされたり、大気に吸収されたりするからだ。これについては、のちほど詳しく説明しよう。

■太陽は赤道付近を強く照らす

地球は太陽から約1億5000万キロメートル離れたところを、ほぼ円軌道を描いて周回している。これが「公転」だ。公転と対になる言葉が「自転」。これは、地球がコマのように自らクルクルと回転していることを指している。地球は、自転しながら太陽の周りを公転しているわけだ。

地球は公転のとき、赤道のあたりを太陽のほうに向けてまわっている。だから、太陽からの光は、赤道のあたりでは真上から、北極や南極の近くでは斜めから照らすことになる。その結果、地球が受ける太陽エネルギーは赤道のあたりで多く、緯度が高くなるにしたがって少なくなる。

もうすこし正確に述べておこう。北極を上とし南極を下とすると、地球は北極を真上に、南極を真下にしているわけではない。23・4度だけ傾いている。斜めになりながら太陽を周回しているのだ。あるときは北半球が、あるときは南半球が太陽の側を向く。これが季節を生む（図2－1）。

日本がある北半球は、春分の日から秋分の日まで太陽の側を向いている。このあいだに太陽からたくさんのエネルギーを受け、暑い夏がやってくる。高緯度では、夜の時間帯になっても太陽

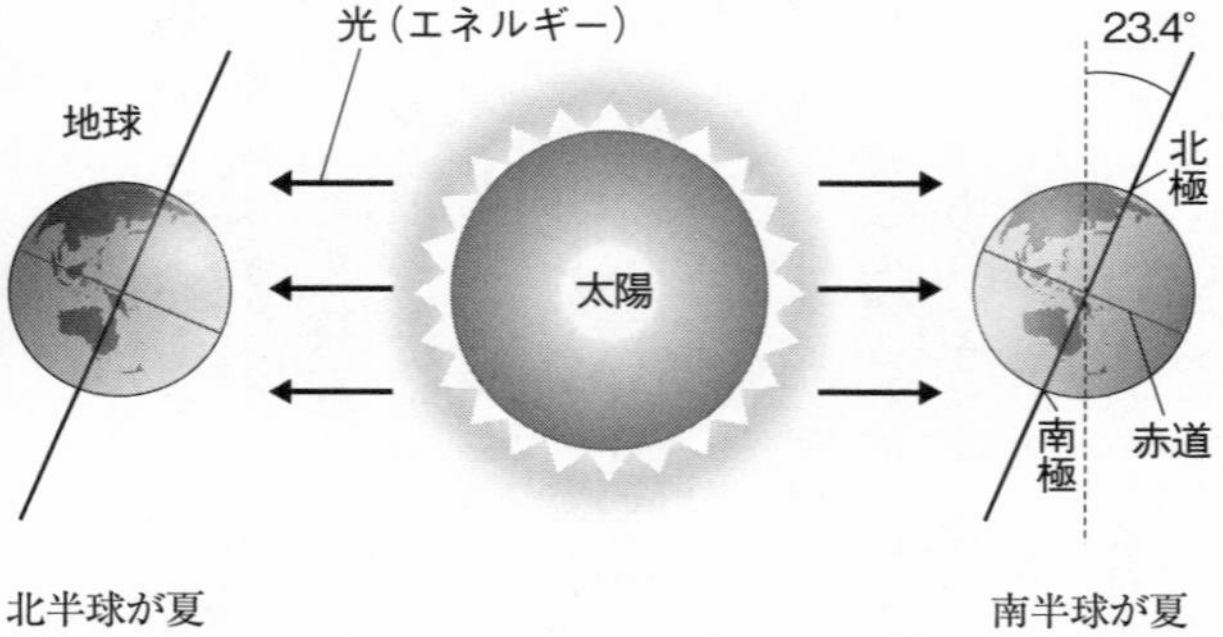

図2-1　地球が太陽から受ける光エネルギー

地軸が23.4°傾いているので、真上から強い太陽光を受ける緯度が変わる。それが季節を生む。平均的には赤道付近で受けるエネルギーが多い

が沈まない白夜が訪れる。夏至のころ太陽から地球に届くエネルギーは、北極近くのほうが赤道付近より3割ほど多い。一年を通じて赤道付近にいちばんたくさんの太陽エネルギーが届いているのではない。このころ南極は、昼でも太陽が顔を見せない極夜になっている。

いま説明したのは、じつは、地面に届く太陽エネルギーではなく、はるか上空に届いている太陽のエネルギーについてのお話だ。この「はるか上空」は、しばしば「大気の上端」といわれている。太陽からの光が、地球が衣のようにまとっている大気の層に突入する直前。そこが大気の上端だ。

大気の上端から地球に入った太陽光は、実際には、雲や大気中のちりなどによる反射や散乱を経て地面に届く。その結果、年間を通じてみると、

赤道付近で受け取る太陽エネルギーは1平方メートルあたり約300ワット。北極や南極の3倍くらいになっている。大気の大循環を駆動することになる太陽からのエネルギーは、やはり赤道付近に多く届く。

ここですこし注意しておきたいのは、地球の地面に届く太陽のエネルギーは、あんがい少ない点だ。さきほど、地球上の1メートル四方に真上からくる太陽の光で100ワットの電球を13個ともせるとお話しした。だが、これは大気の上端での話。現実には赤道付近でも3個くらいになってしまう。雲で反射されて宇宙空間に戻ってしまったり、大気に吸収されたりするエネルギーは、かなり大きい。

注釈が多くなるが、もうひとつ指摘しておこう。大気を暖めているのは、太陽からの光よりも、むしろ地球表面から上方に放射されている赤外線だ。太陽が地表を温め、地表が大気を暖める。太陽もすこしだけ大気を暖める。これらが合わさって、地表に近い低高度の大気が加熱される。

赤道近くで大気が加熱されて動きだす話をするまえに、そのエネルギーを大気に与えることになる「放射」について、もうすこし詳しくみておこう。なぜ大気は大循環せざるをえないのかがわかってくるはずだ。

■電磁波がエネルギーを運んでくる

太陽は電磁波を四方八方に放射している。電磁波とは、エックス線や紫外線、可視光、赤外線、電波など、空間を光速で伝わる波の総称だ。

海の波を想像してみよう。遠く離れた台風から海岸に押し寄せる「うねり」。そして恐ろしい津波。これらの波は「波長」が違う。水面が盛りあがった波の山から隣の山までの距離を波長という。海岸に押し寄せる波は波長が比較的短くて数十メートル、大きな津波になると100キロメートルということもある。おなじしくみの波でも、さまざまな波長のものがある。

電磁波でも事情は変わらない。電磁波と海の波は伝わるしくみがまったく違うが、電磁波にも波長がある。海面の波が山・谷・山・谷と繰り返しながら伝わっていくように、電磁波にも特有の繰り返しがある。その繰り返し1個分が波長だ。

わたしたちの目に見える可視光と、テレビやラジオの信号を運んでくる電波がおなじ電磁波だというのは、感覚的には納得しがたいが、それは、わたしたちが可視光をキャッチできる感覚器として目を発達させたというだけのこと。数ある電磁波のなかで可視光だけが他と違うように思えるのは、そういう理由だ。

電磁波はどれもおなじしくみで光速で伝わり、波長の違いによって、さまざまな名前がつけられている。可視光よりすこし波長が長い電磁波は赤外線。それより長いのが電波だ。逆に可視光より波長がすこし短いのは紫外線。それより短いとエックス線、さらにガンマ線になる。

太陽からくる電磁波は、そのほとんどが紫外線と可視光、赤外線だ。運ばれてくるエネルギーの量は可視光と赤外線がほぼ半々で、紫外線もすこしある。このうちで、いちばん強いのは可視光だ。だから、わたしたちが物を視覚でキャッチする際に可視光を使うのは、道理にかなっている。というよりも、わたしたち人間は、電磁波のなかでもとりわけ強い可視光を物の知覚に使えるようになったので、それを「見える電磁波」という意味で可視光と名づけたわけだ。

じつは、電磁波は、どんな物からでも放射されている。太陽のように熱い物だけではない。どんな温度の物体から、どのような波長の電磁波がどれだけ放射されているかを考えるときに基本となるのは、「プランクの法則」という物理法則だ。物体から電磁波が放射されるとき、その物体の温度に応じて決まるある波長の電磁波がいちばん強く、それより短い波長の電磁波は急に弱くなり、それより長い波長の電磁波は、すこしずつ弱まっていく。そして、いちばん強いエネルギーをもつ波長は、温度が低いほど長く、高いほど短い。太陽の場合は、それが可視光の領域なのだ。

■長波放射と短波放射

太陽の光をプリズムに通すと七色に分かれる。赤橙黄緑青藍紫と並ぶこの七色はいずれも目に

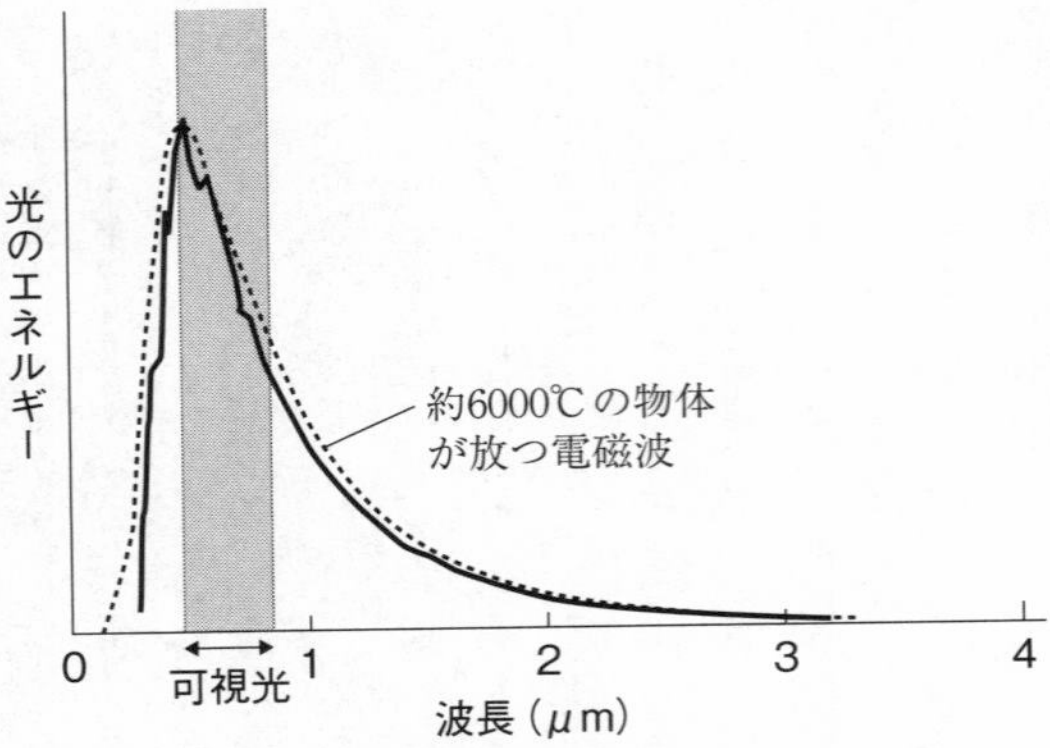

図2-2　太陽から地球に届く光のスペクトル

太陽から地球に届く光のエネルギーは、可視光の付近でもっとも強い。可視光の左隣は紫外線で、右隣は赤外線。可視光領域で最大となり、両脇に非対称な裾をもつこのスペクトルの形が、約6000°Cの物体が放つ電磁波と一致する

見えるので、可視光に含まれている光が分かれたものだとわかる。プリズムを通る際に、波長の違いで分かれたのだ。目には見えないが、紫外線や赤外線についてもおなじこと。可視光を含むさまざまな波長の電磁波が、それぞれエネルギーを太陽から運んでくる。

電磁波のエネルギーを波長別に示した結果を、電磁波のスペクトルという。さきほどお話ししたように、太陽からくる電磁波のエネルギーは可視光の領域でもっとも強く、約6000度Cの温度の物体が放射する電磁波のスペクトルとみごとに一致する。この結果から、太陽の表面温度は約6000度Cと推定できるのだ（図2－2）。

現実には、太陽光は地表に届く途中で大

気に散乱されてしまうし、とくに赤外線の領域では大気に吸収されるぶんも多い。可視光の領域はあまり大気に吸収されないので、地表に届く太陽エネルギーの割合は、この可視光領域が多い。ざっくりいえば、地球の表面は太陽の可視光で温められている。

地球が太陽から受けるこの放射を「短波放射」という。「日射」ともいう。地球は太陽からの短波放射により温められる。いまこの言葉を持ちだしたのは、これと対になる「長波放射」も説明しておきたいからだ。

もし、地球が太陽からエネルギーを受けるだけだったら、地球はどんどん温まってしまう。地球全体の平均気温は15度Cくらいだが、この気温を保っていられるのは、太陽からきたエネルギーとおなじ量を地球の外に放出しているからだ。エネルギーの出入りのバランスがとれているということだ。

6000度Cの太陽からは短波放射の形でエネルギーがやってくる。だが、地球の表面は、もちろん太陽ほどには熱くない。したがって、地球の表面からも電磁波は放射されているが、放射が強い波長は太陽の可視光より長い側にあり、赤外線による放射がメインになっている。この赤外線を主体とした地球から外への電磁波の放射を「長波放射」という。

「長波」「短波」という言葉は、電波の種類を指すときにも使われている。電波の長波は船舶無線などに、短波は国際放送やアマチュア無線などで利用されている。このほか、無線LANなど

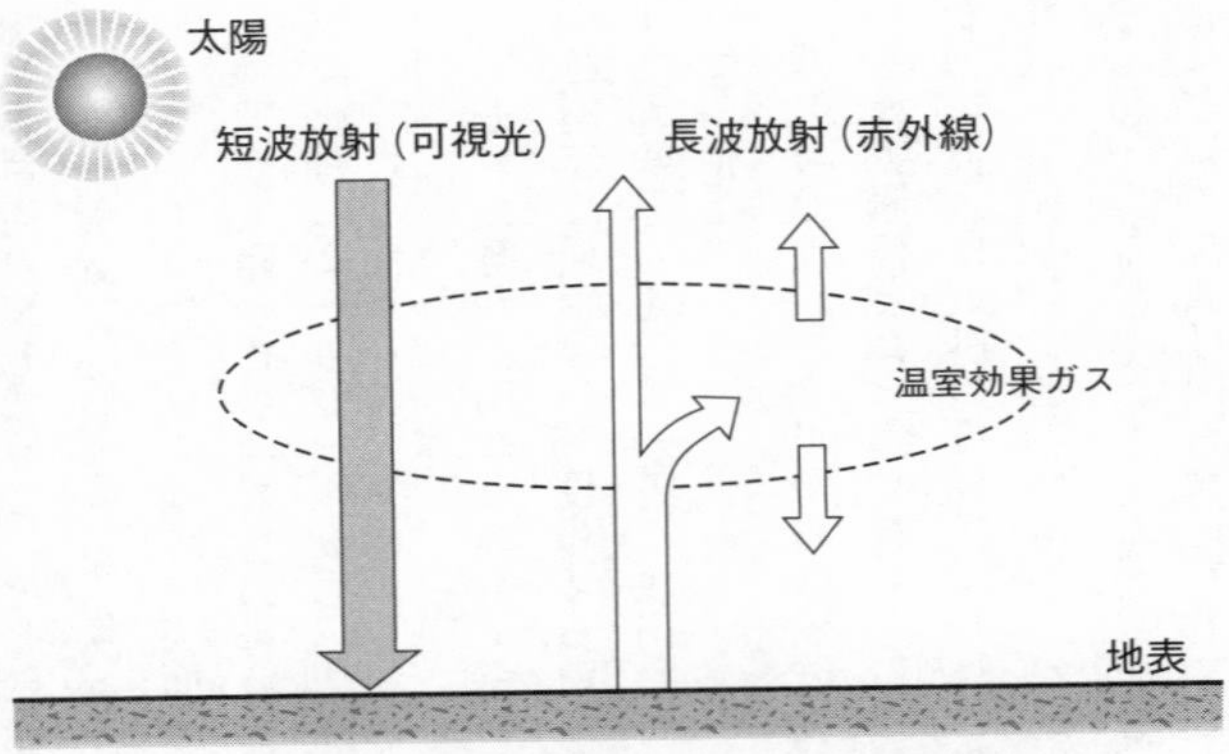

図2-3　短波放射と長波放射の概念図

太陽からの短波放射が地表を温め、地表からは長波放射でエネルギーが逃げていく。温室効果ガスは長波だけを吸収、再放出する。実際のエネルギー収支は、雲による反射などもあって、もっと複雑だ（図2-4参照）

に使われる「極超短波」やテレビ放送・FMラジオの「超短波」、AMラジオの「中波」もある。

太陽や地球の放射に使われる「長波」と「短波」という言葉は、これらとは関係がない。太陽からくる電磁波は波長の短いものが多いので短波、地球から放射される電磁波は、それに比べれば波長の長いものが多いので、短波に対して相対的に長波とよばれている。

まとめると、こういうことだ。太陽からのエネルギーは可視光を主体とする短波放射で地球に届き、それと同量のエネルギーが、赤外線がメインの長波放射で宇宙空間に逃げていく。地球温暖化も、この短波放射、長波放射と関係が深い。

大気は約78％の窒素と約21％の酸素、それに加えて微量の二酸化炭素やメタンなどでできている。二酸化炭素やメタンは、太陽からやってきた可視光はほぼそのまま通過させるが、地球表面からやってくる赤外線は、よく吸収する。この赤外線で大気が暖まる。地球温暖化をもたらすおもな熱源は、太陽から受ける光ではなく、地表からの赤外線だ。この原理で大気が暖まる現象を「温室効果」、温室効果をもつ気体を「温室効果ガス」という（図2－3）。

大気に数％ほど含まれている水蒸気も、二酸化炭素と同様に温室効果をもっている。したがって水蒸気は温室効果ガスだが、地球温暖化の進行を抑制するという文脈で「温室効果ガスの削減」という場合、水蒸気は含まれない。水蒸気は海洋から大気に大量に供給される自然現象の一部で、わたしたちの努力ではコントロールできないからだ。

地球に注がれるエネルギーは短波放射で、地表から外に出ていくエネルギーは長波放射。その違いが、地球温暖化を引き起こしている。もし地表からの放射が太陽のような短波放射だったら、二酸化炭素はこんなにエネルギーを吸収することもなく、このような地球温暖化は起こらないはずだ。

■太陽エネルギーの半分が地表に届く

地球全体でみると（図2－4）、太陽からの短波放射でやってくるエネルギーは、雲や大気、地面で反射され、3割(22＋9)が宇宙空間に戻ってしまう。そして、大気や雲に吸収されるのが2割。地表に吸収されるのは全体の半分(49)だ。

このエネルギーで地表が温まり、こんどは長波放射でそのエネルギーが地表から放出される。この長波放射のエネルギーは地球が太陽から受ける短波放射を上まわり(114)、大気を暖める。地表から放射される赤外線(長波放射)のなかで宇宙空間までそのまま逃げていくのはわずか(12)で、エネルギーの9割(102)は大気や雲にとどまる。

じつは、地表を温めるエネルギーは、太陽から届く短波放射の「半分」だけではない。地表からの赤外線で暖まった大気も、逆に地表に向けて赤外線を出して地表を温める。そのぶん、大気はエネルギーを失うことになる。

地表から出ていく長波放射は、この大気から受け取る量を差し引きすると(114－95＝19)、太陽から届いたさきほどの「半分」の4割。太陽からきたエネルギー全体の2割ということになる。このほかに、長波放射と同程度(23)が「潜熱」として大気に与えられる。これも大気の運動をブーストする重要な熱源だ。これについては、のちほど詳しく説明しよう。そして残り(7)は、地表の熱が大気にじわじわ伝わる「伝導」などによる加熱だ。

いまお話ししたのは地球全体をみた場合だが、大気の大循環にとって重要なのは、出入りするエネルギーの緯度による違いだ。太陽からくる短波放射も地表から出ていく長波放射も、おおざ

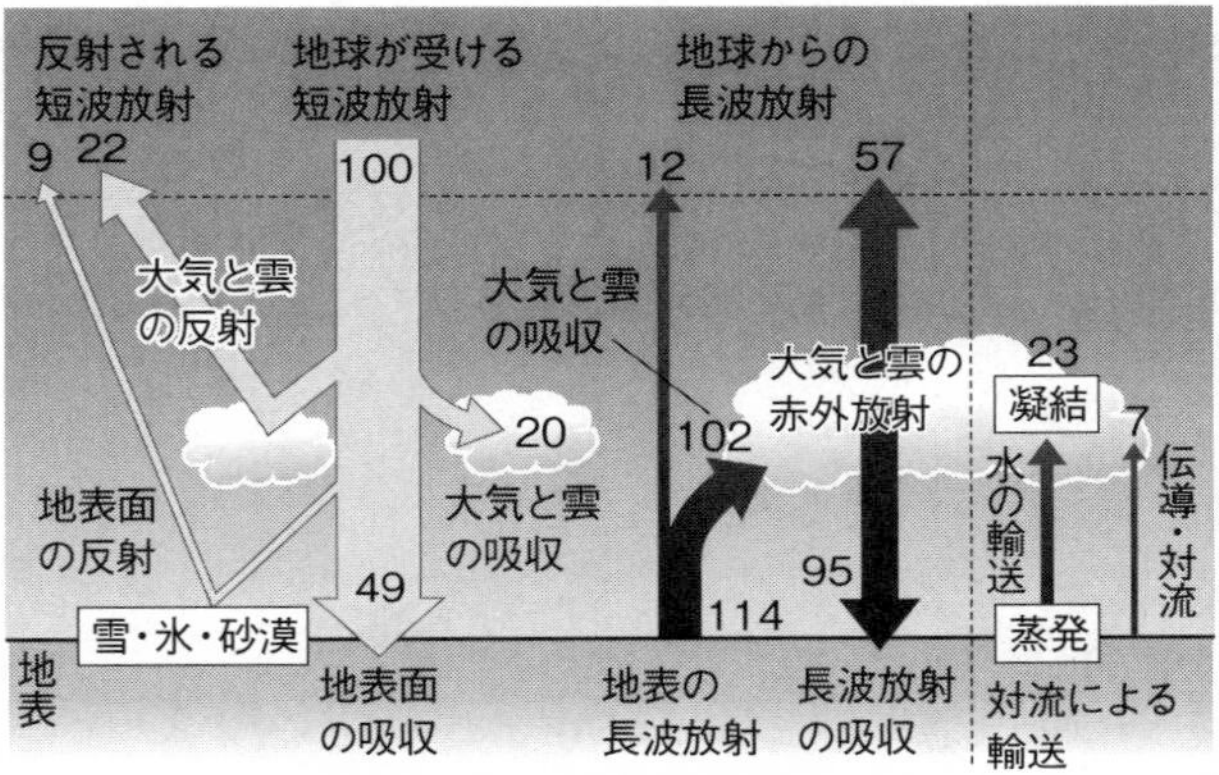

図2-4　地球のエネルギー収支

太陽エネルギー（短波）の半分が地表に吸収され、地球から放出されるエネルギー（長波）の9割が大気に吸収される。数字は地球が太陽から受ける短波放射のエネルギーを100としたときの割合を示す

っぱにいえば、赤道付近でもっとも強く、南北に離れるにしたがって弱くなる。

ただし、その両者は、おなじような強弱の形をとるわけではない。赤道を中心とする低緯度では吸収するほうが多く、高緯度では放出するほうが多い。その変わり目は北半球、南半球とも40度くらいの緯度だ。北半球で緯度40度といえば、だいたい日本の位置。太陽からくるエネルギーの出入りだけを考えると、これより南の地域はひたすら加熱され、北の地域は冷える一方ということになる（図2－5）。

だが、実際にはそうなっていない。低緯度は低緯度なりの、高緯度は高緯度なりの気候が保たれているのは、大気や海の大循環が低緯度から高緯度へ熱を運び、その温

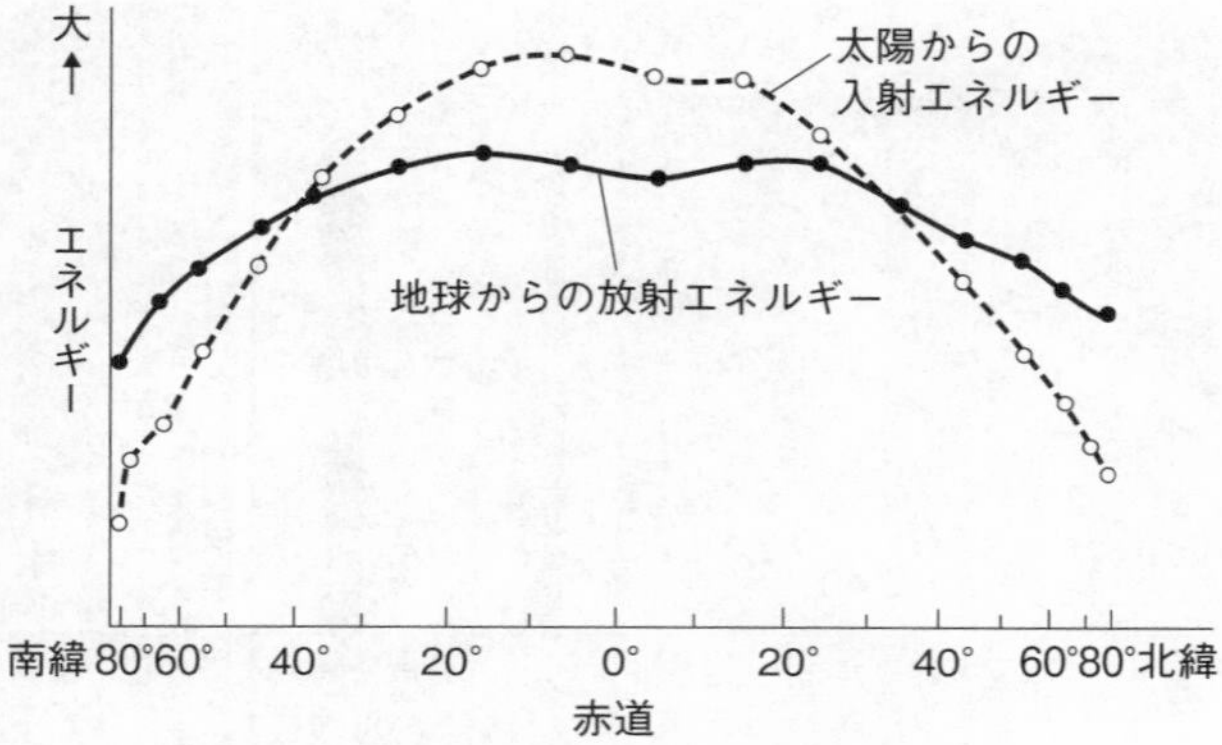

図2-5　地球の緯度別エネルギー収支
赤道から南北40°くらいの緯度までは受け取るエネルギーが多く、それより高緯度では放出するエネルギーが多い

度差をならしているからだ。そして、この実現された実際の地表温度に対して、それぞれの場所で長波放射の強さが決まる。

ひとくちに地表といっても、陸もあり海もある。こうした地形もエネルギーの出入りに大きく影響する。たとえば、北アフリカのサハラ砂漠では、緯度が低いにもかかわらず、出ていくエネルギーのほうが多い。太平洋西部からインド洋にかけての赤道沿い海洋では、ほかの赤道沿いの地域に比べて、吸収するエネルギーのほうがかなり多い。

■大気の動きを理解するコツ

このようにして、もともとは太陽からきたエネルギーが大気や海洋の循環によって地球全体に行きわたり、その結果として実現した気温や地表面の温度などに応じて、長波放射が放出される。地形も影響している。それが大気の状態に影響を与え、あらためて気温や地表面温度が決まり、それが長波放射として放出されて……。

地球の気候は、太陽からのエネルギーという「原因」が与えられ、それに応じてひとつの「結果」が実現されるという単純な因果関係にはなっていない。原因から生じた結果が原因となって結果を生み……という具合に因果のループができ、いまあるような大気の大循環が実現している。大循環によって熱は運ばれるのだが、それは地球の気候を決める原因でも結果でもない。いたずらに原因を追求しても、それが全体の理解にはつながらない。

こうした複雑な因果のループでできあがった地球大気の大循環は、多少の変動はあるにしても、そう大きく変わることはなく安定している。

ここで「安定」について説明しておこう。安定といっても、じつはさまざまな安定がある。

机の上に置いたおわんにビー玉をひとつ入れたと考えよう。おわんの底にビー玉をそっと置けば、ビー玉は底に静止したままになる。動かない。これが「安定」のひとつの形だ。

こんどは、おわんを手に持ってすこしだけ揺すってみよう。ビー玉は、おわんの底を中心に、あちこち動きまわる。

この場合、動くビー玉がもっている運動のエネルギーと、おわんの底から高い位置にはいあがったことで獲得する位置のエネルギーの和は一定になっている。そのもとで、ビー玉はこの動きを続ける。さきほどのように静止しているわけではないが、あるきまった運動の状態が続く。これもまた一種の「安定」である。この状態が壊れて、たとえばビー玉が急におわんから飛び出してしまったりはしないという意味で、安定なのだ。

大気大循環をこれから考えていくときに基本となる大気の流れの「定常状態」は、こちらの「安定」と関係が深い。大気が静止しているわけではないが、あるパターンの流れが時間とともに変わることなく持続する。それが定常状態だ。流れつつもパターンが変化しない安定な状態だ。

川の流れも定常状態だ。水はつねに流れているし、「よどみに浮かぶうたかたは、かつ消えかつ結びて……」と鴨長明《かものちょうめい》の『方丈記』にもあるように、細かくみれば、おなじ姿は二度と現れない。それでも、大雨で氾濫でもしないかぎり、川はいつもの安定した川だ。

大気の大循環もおなじだ。日本上空をジェット気流が東に流れ、その位置や形がすこし変わることがあっても、ジェット気流がなくなることはない。定常状態としてのジェット気流はつねに存在する。そして、その定常状態がふだんの形からずれることで、いつもと違う天候が生まれる。

この本では大気大循環の基本形をまず理解しようと、第1章でお話しした。大循環をつくる大規模な大気の流れの定常状態が、しかもその標準的なパターンがいかにして実現しているのかを理解しようということだ。

気象は、とても複雑なシステムだ。これがもし単純なシステムであれば、原因をつきとめることが結果の理解につながる。だが、さきほど述べたように、気象はそれを容易には許さない。ある現象を前にして「その原因はこれです」と明示できないことも多い。

こうしたシステムを理解するための戦略のひとつが、「定常状態の成り立ちを知る」という方法だ。いま実現している安定した状態が、なぜそうなっているのかを知る。どんな力とどんな力が競り合っているのかを知る。この舞台を支えている重要な役者をよく知ることで理解を深めていくという戦略だ。

■電子レンジの原理で大気が暖まる

さて、赤道付近の低緯度で大気が上昇する話を始めよう。

いま説明したように、低緯度地域には太陽から短波放射の形で多量のエネルギーが与えられる。もちろん、それに応じて、大気を暖める長波放射も多い。大気からみれば、地表は大循環を支える熱源になっている。

大気には、水蒸気や二酸化炭素など微量の温室効果ガスが含まれている。これらが長波放射の実体である赤外線を吸収する。

この温室効果とおなじ原理が使われている道具がキッチンにある。電子レンジだ。電子レンジは電磁波を発生させる装置だ。電磁波のなかの電波、電波のなかでも極超短波とよばれる波長約12センチメートルの電磁波を出している。

水の分子には、この電磁波を吸収する性質がある。吸収して水の分子が強く振動する。それが熱になる。火であぶる場合は、あぶられた面がまず加熱され、それが全体に伝わる。電子レンジでは、加熱したい食品に含まれている水分に、じかにエネルギーが渡される。だから、いきなり全体が温まる。

いちばん強い温室効果をもつ気体は水蒸気だ。さまざまな波長の赤外線を広く吸収するうえ、大気に含まれる微量気体としては量も多いからだ。そして二酸化炭素。地表から出る長波放射のうち強度がピークとなる1000分の15ミリメートルくらいの赤外線を、効率よく吸収する。

こうして赤道付近で対流圏の大気が暖まる。暖まった大気は上昇する。だが、なぜ暖まった大気は上昇するのだろうか。

大気や水など流体中の物体は、その物体が押しのけている流体の重さとおなじ大きさで逆向きの力を浮力として受けている。これが「アルキメデスの原理」だ（図2-6）。

これからの説明には「静水圧平衡」という考え方がでてくる。これは、なぜ上空ほど気圧が低

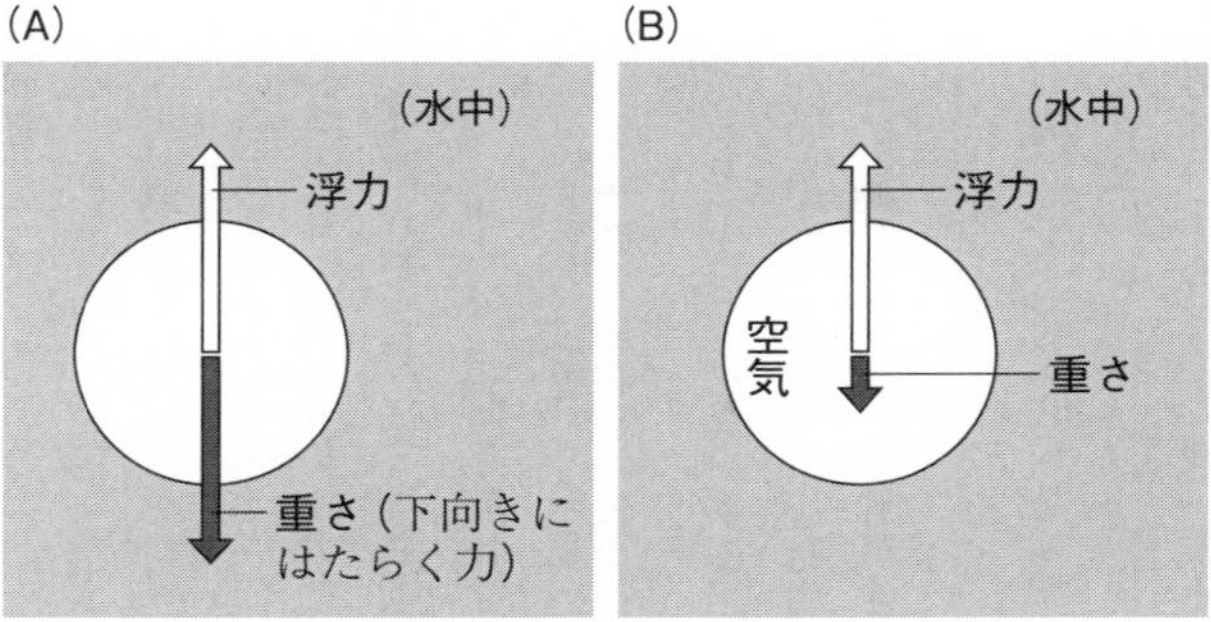

図2-6　アルキメデスの原理

(A)動きのない水中に、たとえば直径30センチメートルの球状の領域を考える。この領域は、もちろん静止している。ということは、その重さと逆向きに、すなわち上方に引き上げる力がはたらいているはずだ。これが浮力だ。その大きさは、この領域に含まれる水の重さとおなじ。これがアルキメデスの原理だ
(B)この領域を、水より軽い空気のような物質で満たせば、浮力がまさって上昇する。これが空気中なら、温度が上がって周囲より軽くなった領域は上昇する

いのかという話、そして、もくもくと入道雲が立つ空と立たない空はなにが違うのかという「大気の静的安定度」とも関係がある。「なぜ赤道付近で暖まった大気は上昇するのか」という疑問に物理の目で答える際のポイントになる部分で、大気大循環の出発点だ。

まずは「気圧」の説明から。気圧とは空気の圧力のことだ。圧力は「ある面を垂直に押す単位面積あたりの力」と定義される。物理の世界では、長さは「メートル(m)」、質量は「キログラム(kg)」、時間は「秒(s)」を使って表すのがふつうだ。これが単位

の基準になる。したがって、「単位面積」とは、長さの単位である1メートルに1メートルをかけてできる面積、すなわち1平方メートルのことだ。

力は「ニュートン（N）」という単位で表される。地球上では、1キログラムの質量をもつ物体にはたらく重力の大きさは9・8ニュートン。これがもし月の上だったら1・6ニュートンになる。月ではたらく重力は地球の約6分の1だ。地球上と月の上では重力が違うので、それがおなじ質量1キログラムの物体であっても「重さ」は違う。物体がもつ固有の量は質量であって、重さは、その物体がおかれた環境で結果として決まる。物理では、キログラムで表される量は重さではなく「質量」であり、地球や月がその物体を引っ張った結果として生ずる重さとは区別する。

気象でしばしば登場する単位に「パスカル（Pa）」がある。これが圧力の単位だ。単位面積、すなわち1平方メートルあたり1ニュートンの力が加わった状態を1パスカルという。「台風が発達して中心付近の気圧が950ヘクトパスカルまで下がった」という具合に使う。「ヘクト」は100倍を表す接頭語。1ヘクトパスカルは100パスカルだ。

地球では、地表の気圧は海面の高さで1000ヘクトパスカル前後だ。1000ヘクトパスカルといえば10万パスカル。1メートル四方に10万ニュートンの力がかかっている。地球の重力で10万ニュートンの力が生ずる物体の質量は約1万キログラム。つまり、地表で暮らすわたしたち

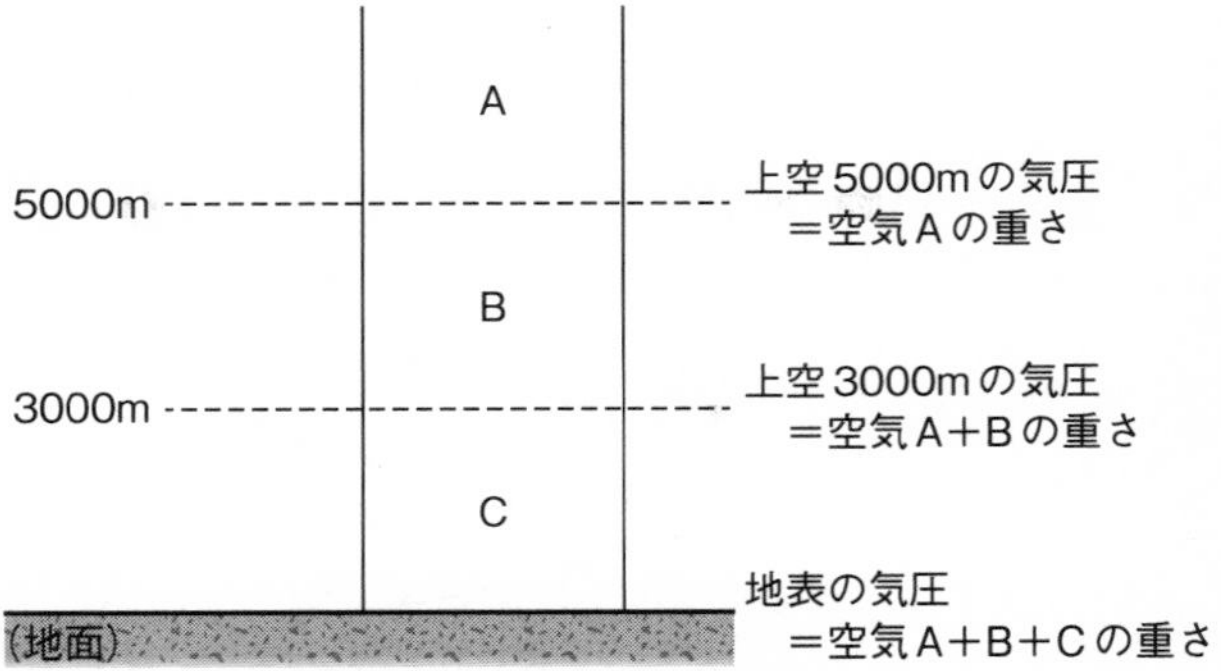

図2-7　高度と気圧の考え方

ある高度の気圧は、そこより上の空気の重さでつくられる。高度が低くなるほど、そこに積み上がる空気の量は多くなるので、気圧も高くなる

を押す気圧は、1メートル四方で重さにして10トンということになる。かなり大きい。

この重さのもとは大気だ。たとえば、高度5000メートルの気圧は、5000メートルより上の部分の大気の重さ。高度3000メートルの気圧は、それに高度3000〜5000メートルの大気の重さを加えたものになる。当然ながら、高度5000メートルの気圧より高い。地表での気圧は、それに3000メートル以下のぶんを足したものになる（図2－7）。

したがって、大気圧は、地表でいちばん大きく、高度が上がるほど小さくなっていく。地表に近いところでは圧力が大きいので、大気は圧縮されて重くなっている。逆に、はるか上空の大気は軽い。したがって、おなじ1000メートルの厚さの大気でも、上空では軽く、地表付近では重

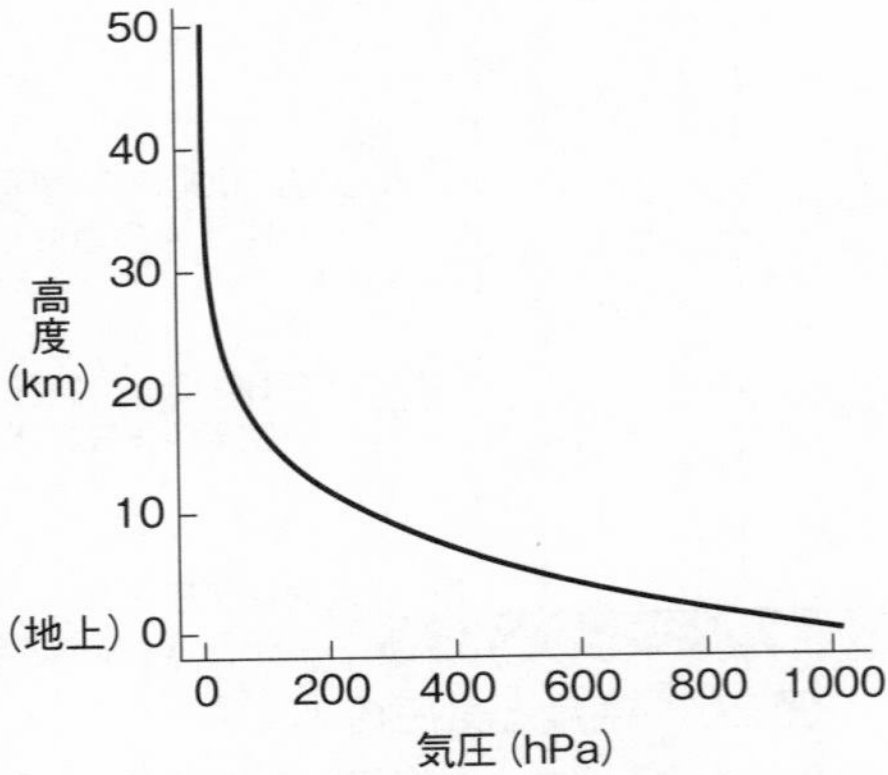

図2-8　標準的な気圧と高度

高度を上空から地上に向けて追うと、高度が下がるほど急激に気圧が高まる。高度が低いほど空気が濃くて重いので、おなじ1キロメートルの高度差でも、低高度ほど空気の積み増しぶんが重くなるためだ

い。はるか上空から地上に下りてくると、最初は徐々に、そして地表に近づくと急激に気圧は高まる（図2－8）。

大気などの圧力を表す際に「気圧」という単位が使われることもある。地表の圧力が1気圧だ。もっとも、地表の圧力は、高気圧が来たり低気圧が来たりして変わる。そのため、1気圧は1013ヘクトパスカルと定められている。

■大気の「静水圧平衡」

大気中で浮力を生みだしているのは、地表付近では高く、高度を増すにつれて低くなっていくというこの気圧の構造だ。

大気の中に球状の空間を考えてみよ

う。この球には、四方八方から表面を押す力がかかっている。大気の圧力だ。ただし、どこにでもおなじ大きさの力がかかっているのではない。上半分に比べて下半分にかかっている力のほうが大きい。なぜなら、地表面に近いほうが大気圧が高いからだ。

その結果、この球を動かす力は、下半分を上向きに押す力が、上半分を下向きに押す力より強くなっている。トータルで考えると、この球状の空間を満たしている空気には上向きの力がかかっている。これが「浮力」の実体だ。

この浮力を得てもこの球状空間が静止していられるのは、上向きの浮力と、おなじ大きさで下向きの力がはたらいているからだ。この力が、この球状空間を満たしている空気にはたらく重力だ。つまり、上向きの浮力と下向きの自重がつりあっている。バランスしているのだ。

単位体積あたり、すなわち1立方メートルあたりの質量を「密度」という。いまの例では、大気の中に仮想的な球状空間を考えただけだから、この空間と周囲の大気とはおなじ密度だが、もしこの空間を密度の小さい気体で満たせばこれは上昇し、密度の大きい気体で満たせば下降することになる。

とくに動くこともなく静止している大気の基本的な構造では、気圧の高度差による上向きの浮力と、大気の自重による下向きの力がつりあっている。バランスがとれた平衡状態になっている。水中でもおなじことだ。そこで、このようにつりあった状態を、「静水圧平衡」とよんでいる。

静水圧平衡が実現している大気では、大気のそれぞれの部分が、自分の重さを下からちょうど支えてくれる強さの浮力がはたらく場所に落ち着いていることになる。

■「不安定」な大気

大気大循環の出発点ともいえる「対流」に話を進めていこう。

大気がどのような状態のとき対流は起こるのか。

結論をさきに述べておこう。大気が地面で加熱されて暖まったとき、その空気は上昇気流となってどんどん上空に向かうとはかぎらない。上昇しかけても、そのさきが続かず、途中で止まってしまうという状況がありうる。加熱ではなく、なんらかの力を受けて空気が山の斜面を駆け上った場合でも、そのままはるか上空に達することもあれば、それっきりになることもある。

最初になんらかのきっかけで空気の塊がすこし上昇したとき、そのまま上昇を続けていくなら、その大気は対流の起きやすい状態にあることになる。天気予報で「上空に冷たい空気がやってきているので大気は不安定になり、雷が発生しやすいでしょう」と言っているのをよく聞く。この「不安定」というのは、まさに対流が起こりやすい状態になっているという意味だ。

では、不安定な大気の状態とは、具体的にはどのような条件を満たす場合なのだろうか。これを考えるとき注意しておきたいのは、上昇気流の話ではとかく上昇していく空気の塊に目が行きがちだが、重要なのは、むしろその周りの大気の状態、そもそもの大気の状態だという点だ。

いま、高度によって温度が変わらない仮想的な大気を考えてみよう。地表から上空まで、どこでも15度Cだとしておこう。いま、地表付近にある空気の塊がすこし上昇したとする。静水圧平衡にある大気は上空ほど気圧が低いので、上昇した空気の塊に加えられる圧力も下がる。すると空気の塊は膨張し、温度は下がる。

静水圧平衡にある大気中で、その一部分である空気の塊を上昇させたとき、気圧の低下にともなう膨張で温度がどれくらい下がるかは決まっている。上昇する距離に対して温度が下がるこの割合を「乾燥断熱減率」という。これは大気の温度が高度とともに下がる割合ではなく、あくまでも、空気の塊を上昇させたとき、その空気の温度が低下する割合である。

ここで「乾燥」というのは、空気に含まれる水蒸気を考えていないという意味。水蒸気については、のちほど考える。「断熱」は、この空気の塊と周囲とのあいだで熱の出入りがないという意味だ。本来なら、周りの大気と温度差ができれば、熱は高いほうから低いほうに伝わるはずだが、そうする間もなく素早く空気の塊が移動した仮想的な状況を考えていることになる。

式を使った詳しい説明は省くが、地球大気の場合、上昇する空気の塊は1000メートルごとにその温度が約10度C下がる。逆に、1000メートル下降すると約10度C上がる。

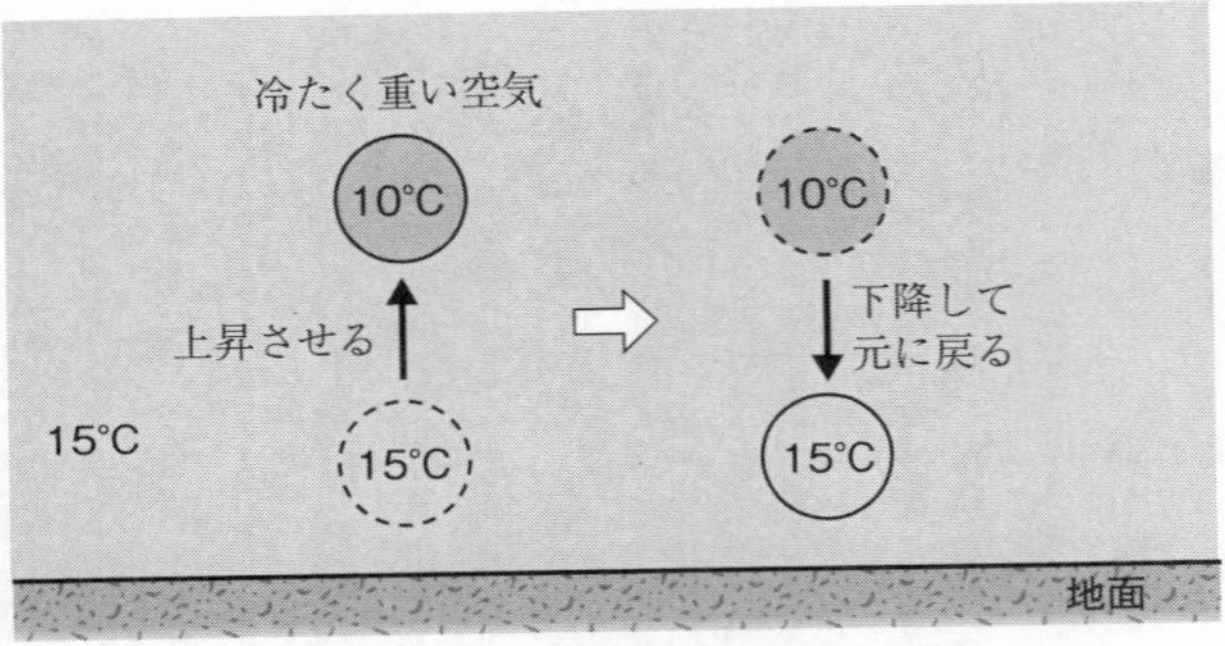

図2-9　対流が発達しない大気

空気の塊を上昇させて10°Cに温度が下がれば、周囲の大気がどこも15°Cだったら、周りの大気より冷たくて重いので、下降して元に戻る。つまり、対流は発達せず、この大気は安定だ

さて、上昇した空気の塊は温度が下がって10度Cになったとしよう。気圧は周囲の大気とおなじだ。空気は、圧力がおなじなら、冷たいほど重い。周りの大気は15度Cだから、10度Cになった空気の塊のほうが周りより重いことになる。だから、空気の塊はそれ以上は上昇することができずに下りてくる。元の低い位置に戻ろうとするわけだ。だから対流は発達しない（図2－9）。

つぎに、高度が上がるとともに急に気温が下がるような大気の状態を考えよう。上昇して10度Cになった空気の高度で大気が8度Cであれば、こんどは空気のほうが暖かくて軽いので、どんどん上昇していってしまう。

さきほど述べたように、空気の塊をどれくらい上昇させれば、その温度が何度に下がるかは決まっている。それが乾燥断熱減率。もともとの大気の温度が上空でもあまり下がらず、上昇のきっかけを与えられた空気の塊がそのまま自発的に上昇できないとき、「大気の成層は安定」であるという。逆に、上空にいくにしたがって大気の温度が急に下がり、空気の塊がどんどん上昇してしまうとき、この「大気の成層は不安定」ということになる。これが、対流が起こりやすい大気と起こりにくい大気の具体的な姿だ。

いま使った「成層」という言葉は、大気を、低高度から高高度までいくつかの層が重なっているイメージでとらえた表現だ。水と油のようにはっきりと層に分かれているわけではないが、話を単純化して本質をとらえるのに便利なので、気象や海の科学ではしばしばこの言葉が使われる。

■「温位」という便利な考え方

これまで、当然のことのように、「暖かい空気は軽く、冷たい空気は重い」とお話ししてきた。だがこれは、考えてみると妙な話だ。わたしたちが暮らす大気の対流圏では、ふつう地上付近の気温が高く、高度が増すとともに気温は下がる。ジェット旅客機が飛ぶ高度1万～1万2000メートルくらい、これは対流圏のほぼ上端といってよいのだが、このあたりの気温はマイナス60～マイナス50度Cくらいの低温になっている。

もし、気温の高い空気は軽く、低い空気は重いというなら、上空からどんどん空気が下りてき

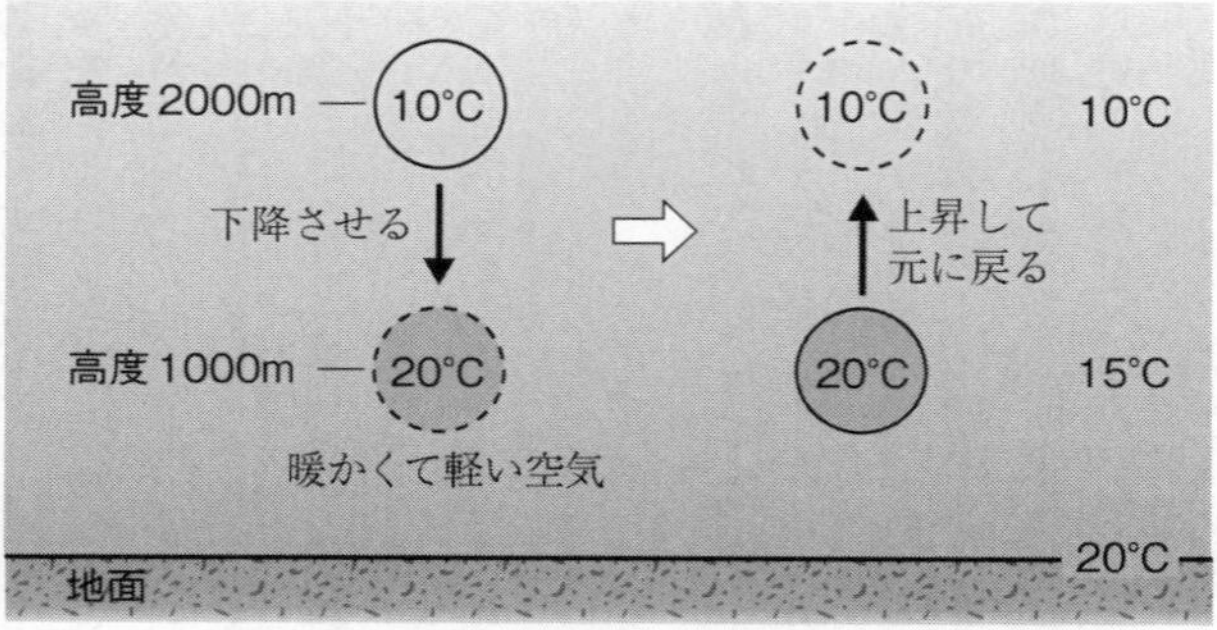

図2-10　冷たい空気が下りてこない理由

空気の塊を10℃の上空から1000メートル下降させたとする。20℃になったとき、もし周囲の大気が15℃なら、この空気塊は周りより暖かく軽いので、上昇して元の位置に戻ろうとする

て、いまある大気は上下にかき混ぜられて全体が一様な温度になってしまうはず。火にかけたやかんの湯は全体が熱くなるのとおなじことだ。

だが、実際にはこんなことは起こらない。地球の大気は基本的に安定している。温度の高い空気が下に、温度の低い空気が上になっているのに、その状態で安定している。なぜなのだろうか。

こんな状況を考えてみよう。いま、地上付近の気温は20度C、高度1000メートルで15度C、高度2000メートルで10度Cだったとしよう。高度2000メートルの空気を高度1000メートルまでもってきたとする。さきほど乾燥断熱減率の話のなかで、空気は1000メートル下降すると温度が10度C上がると説明した。つまり、この空気の温度は20度Cになる。周りの大気は15度Cなので、それよりこの空気は暖かい。したがって、上に向かって戻るほかない（図2－10）。

上空の冷たい空気は、かりに下りてこようとしても、下りると温度が上がって周囲の大気より温度が高くなってしまう。だから、下りてこられない。上空の冷たい空気は、高度の低いところでは温度が高くなる潜在的な力を秘めているわけだ。

いまの例からわかるように、大気の安定、不安定を考えるとき、「温度」という指標はかならずしも便利なわけではない。水の場合は、湯船の表面が底のお湯より熱くなることからわかるように、温度の低い水が下、温度の高い水が上に重なっている。大気の場合もこれとおなじように、「〜〜」が低い空気は下、「〜〜」が高い空気は上というように、直観的にわかる指標はないのだろうか。それが、ある。「温位」という指標だ（図2－11）。

温位は、その空気を地表まで下ろしたときに何度Cになるかを表す数値だ。空気の上昇や下降に関していえば、地表を基準にして、その空気の塊にどれくらい上昇能力があるかを示しているといってもいい。

地球の大気は高度が増すほど温度は低くなるが、温位でみると、上空ほど高くなっている。温位が低い大気の上に、温位が高い大気が載っている。温度が低い水の上に温度が高い水が載っているのとおなじように、この状態は「安定」だ。放っておけば自然に実現される状態なのだ。

逆に、たとえば上空にどこかから冷たい空気が流れ込んできていた場合。その空気の塊を地表

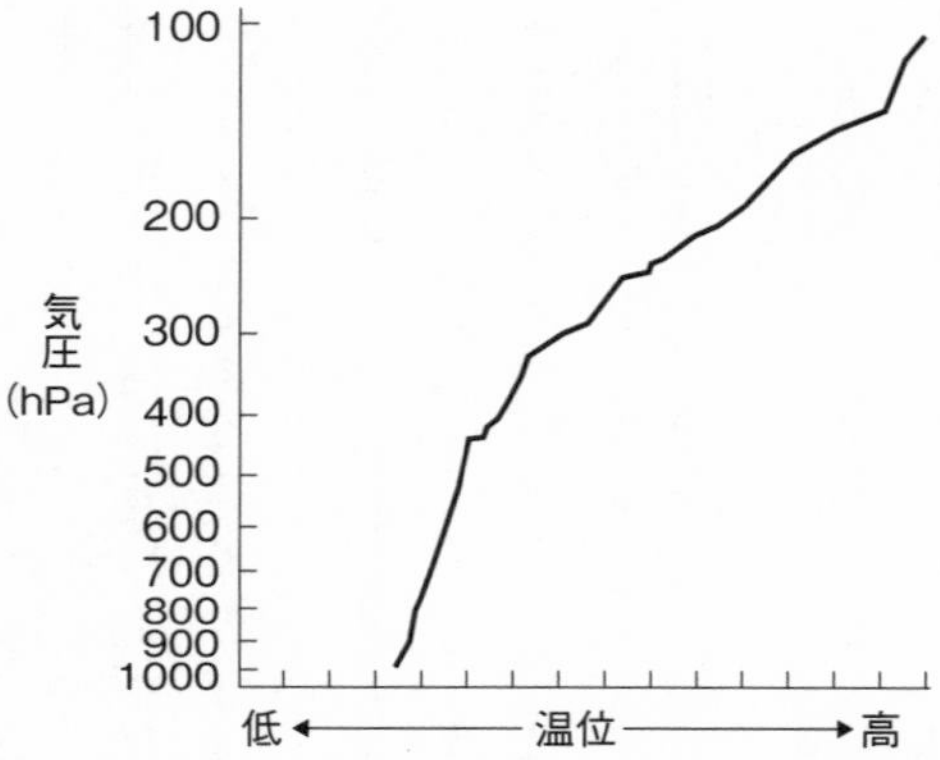

図2-11　地上から上空にかけての温位の例

2010年12月28日に福岡で観測された温位。上空へいくほど温位は高くなっている。つまり、地上に引き下ろして比較すれば、上空の空気ほど暖かくて軽いことになる（気象庁のホームページをもとに作成）

までもってくれば、温度は上がる。それが、その空気の温位だ。だが、もともと冷たいので、しだいに温度が上がるとはいえ、それより高度が低いもともとの大気ほどには温度は高くならない。つまり、高い温位の大気の上に低い温位の大気が載っている。これは「不安定」で対流が起こる。

温位という考え方は、慣れると便利だし、気象学ではキホンのキともいえる重要な概念だ。すこし専門的な気象学の本には、たくさん登場する。海洋学でも海の水に対して温位を考えることはあるが、専門的な議論でも、ふつうは温度のほうを使う。その違いは、空気と水の圧縮・膨張のしやすさ・しにくさにある。水は圧力に対する体積の変化が無視できるほど小さいので、なにも温位を使わなくても温度でじゅうぶんというわけだ。

ただし、温位という概念が一般になじみが薄いことも事実。この本では、支障のないかぎり、温度という言葉を使って説明していこう。

■水蒸気も「熱源」だ

これまで、安定な大気と不安定な大気のお話をしてきた。だが、じつは、いま説明した「不安定」だけでは、大きな積乱雲やハドレー循環ができるほどの大規模な上昇気流は起きない。上昇気流をともなう対流が起きたとしても、ごく局所的な小さなもの。エネルギー不足といってもよい。大規模な上昇気流が起こる舞台には、「水蒸気」というもう一人の役者が必要だ。

さきほど、水蒸気は温室効果ガスだと説明した。これは、大気に含まれる気体の水蒸気が長波放射を吸収するという話だった。水蒸気は、これとはまったく別のしくみで、熱を蓄えたり放出したりする。気体の水蒸気が液体の水に姿を変えるとき、大気中に熱を放出するのだ。この熱が規模の大きな対流を駆動するエネルギーになる。

皿に満たしておいた水は、放っておくと知らないうちになくなっている。液体の水が「気化」して気体の水蒸気になったのだ。このように液体の表面から気化が起こる現象を「蒸発」という。水を熱すると蒸発がさかんになることからもわかるように、液体の水が気化して水蒸気になるとき、熱を吸収する。この吸収する熱を「気化熱」という。

逆に、気体の水蒸気が冷えると液体に戻る。これを「凝結」という。そのとき、さきほどの気化熱に相当する量の熱を、こんどは放出する。この放出する熱を「凝結熱」という。

さきほどの乾燥断熱減率の話では、水蒸気を含まない空気を想定していた。だが、実際の大気にはいくらかの水蒸気は含まれている。わたしたちがふつう「湿度」というとき、それは、その温度の空気が含むことのできる最大量の水蒸気に対して、いま何％の水蒸気が含まれているかを指している。

空気が含むことのできる水蒸気の量は、温度が高いほど多い。したがって、ある量の水蒸気を含む空気の塊が上昇して温度が下がると、その水蒸気量は、どこかの時点で、この空気の塊が含みうる最大の水蒸気量になってしまう。それより多い水蒸気を含むことは温度が許さないという状況になる。この温度を「露点」という。まさに、気体として含まれていた水蒸気が液体の露に変わる温度だ。

その温度に対して多すぎる水蒸気は、液体の水にならざるをえない。こうしてできる微小な水滴の集まりが雲だ。そしてこのとき凝結熱を放出する。

空気の塊を上昇させると膨張して温度が下がる。水蒸気を含まなければ、その低下の割合が乾燥断熱減率だ。空気が水蒸気を含み、温度の低下にともない雲をつくりながら上昇を続けると、

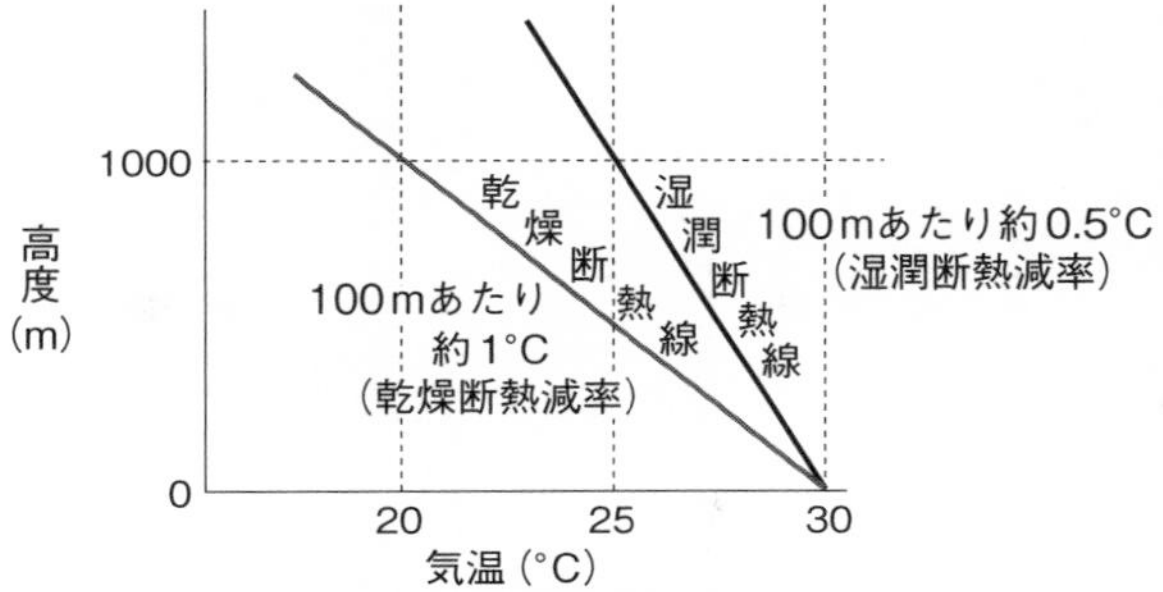

図2-12　乾燥断熱線と湿潤断熱線

水蒸気を含まない空気が上昇すると、100メートルあたり約1°Cの割合で気温が下がる。水蒸気を含んでいても、上昇中に凝結しなければおなじことだ。それを図示したものが乾燥断熱線。水蒸気を含む空気が凝結しながら上昇する場合は、凝結熱が放出されるので温度低下は緩み、100メートルあたり約0.5°Cになる。これが湿潤断熱線。図は地上気温が30°Cのときの例

もちろん温度は低下していくが、その低下の割合は乾燥断熱減率より小さい。放出される凝結熱が、温度低下の一部を相殺してしまうからだ。このときの温度低下の割合を「湿潤断熱減率」という（図2－12）。

こうしてみると、水蒸気は、たんに空気を湿らすだけではなく、液体の水に変わったときに発熱する熱源になっている。しかし、気化するときに受け取った熱はすぐには使われず、凝結して液体になるときに、初めて熱となって空気を加熱する。熱を出す能力をもつ気体として空気中に潜んでいるのだ。

物質が固体・液体・気体のいずれかの状態から別の状態に移るときに放出・吸収する熱を「潜熱」という。対になる言葉は

「顕熱」で、こちらは物体の温度を変化させるのに使われる熱だ。

熱帯や亜熱帯の海は、海面水温が高く、蒸発もさかんだ。そのため、大気は水蒸気をたっぷり含んでいる。気温が高いだけでなく、気温としては表れない水蒸気の形で潜熱をたくさんもっている。上昇気流を起こす能力をじゅうぶんに秘めた大気なのだ。

■熱源に変身するスイッチは突然に

水蒸気に潜熱として蓄えられたエネルギーが熱に変わる条件が整うと、その空気は性格が一変していっきに上昇し始める。対流圏の上端に達する高さ十数キロメートルもの巨大な積乱雲が生じるのも、このしくみがあってこそだ。

いま、一定量の水蒸気を含んだ空気の塊が、なにかの理由で上昇を始めたとしよう。山があってその斜面を風として駆け上るのでもよいし、あちらとこちらから水平に動いてきた空気どうしがぶつかって上昇するのでもよい。とにかく、なんらかの強制力がはたらいて空気の塊が持ち上げられたとする。

高度が増すごとに気圧は下がり、この空気は膨張して温度も下がる。だが、最初の段階では、まだ含みうる水蒸気の量に余裕があるので、水蒸気は凝結せず雲もできない。したがって、凝結熱もでない。水蒸気を含んではいるが、乾燥断熱減率で上昇していく段階だ（図2－13①）。

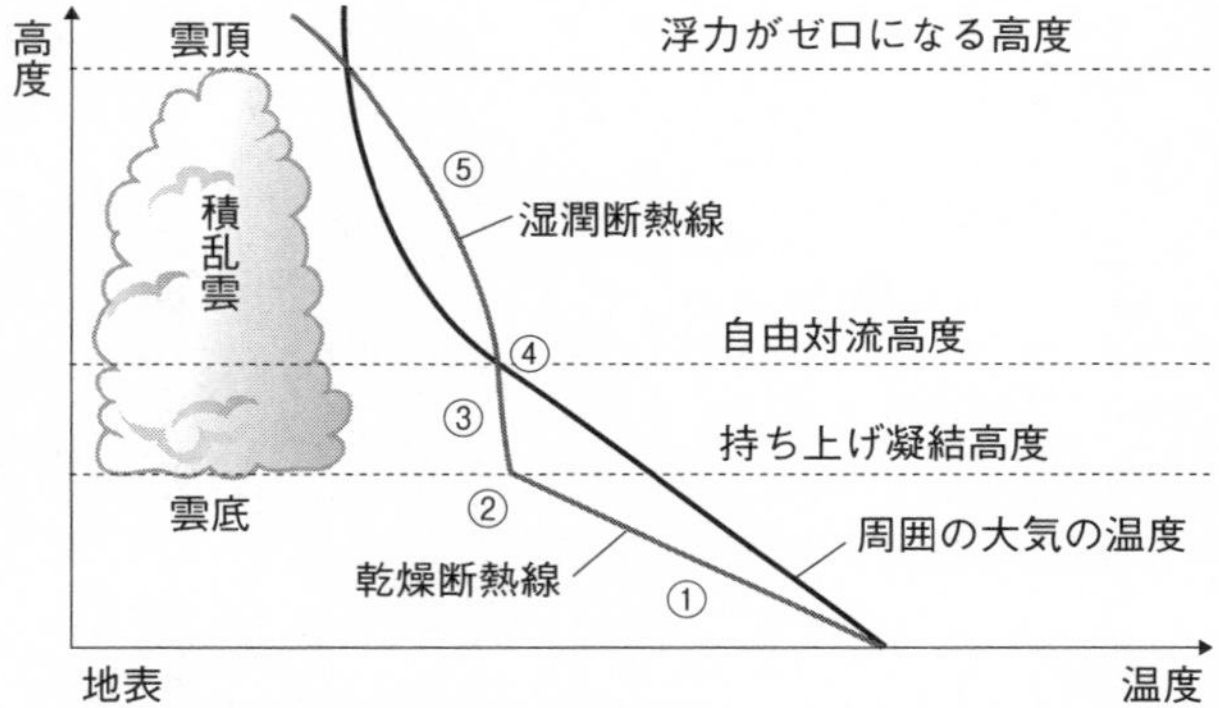

図2-13　持ち上げ凝結高度と自由対流高度のイメージ図
図の①～⑤は本文に対応

やがて、この空気の温度は露点に達する（②）。これより高い高度では、この空気はいまの水蒸気を含みきれない。したがって、さらに持ち上げると、この空気は余分の水蒸気を液体の水に変える。水蒸気が凝結するのだ。現実の大気では、空気の塊が、なんの強制力もなくこの高度まで上がってくることは、ふつうない。持ち上げてやらなければならない。そこで、この高度を「持ち上げ凝結高度」という。持ち上げてやって凝結が始まる高度だ。

この高度になって、水滴の集まりである雲が初めてできる。空に浮かぶ雲の底がこの高度だ。この時点では、空気の塊は周囲の気温より低く、まだ浮力を得ていない。

持ち上げ凝結高度を超えて空気の塊を上昇させると、状況は一変する。こんどは凝結熱を出しながら湿潤断熱減率で温度が下がっていく（③）。空気に含まれていた水蒸気が熱源としてはたらくスイッチが入り、ゆるやかに温度が下がっていくわけだ。

一方、周りの大気は、高度が増すとともにあいかわらず気温が下がり続けている。やがて、上昇する空気の塊の温度と周りの大気の温度がおなじになる（④）。この高度を「自由対流高度」という。

なにが「自由」なのか。この高度までは、空気の塊のほうが周りの大気より冷たかったので、なんらかの強制力で持ち上げてやらなければ上昇できなかった。だが、ここから上では空気の塊のほうが周りの大気より暖かいので、軽くなって放っておいても上昇する。上昇しながら凝結熱を出し、その結果、ますます上昇していく（⑤）。原因が結果を生み、その結果が原因となってさらに結果を進める。つまり正のフィードバックだ。ここまで来てしまえば、放っておいても空気の塊は自分で自由に上昇する。対流が活発になる。

当然ながら、空気に含まれている水蒸気の量が多ければ、上昇してすこし温度が下がっただけで露点に達してしまう。雲の底も低くなる。梅雨どきの日本列島には南の海から多量の水蒸気が供給されており、ちょっとしたきっかけで激しい上昇気流が生まれて豪雨になる。水蒸気は雨をつくる材料であると同時に、上昇気流を生む熱源になる。背の高い積乱雲や低緯度で起こる規模の大きい上昇気流には、水蒸気の熱源としてのはたらきが欠かせない。

■気圧の差が空気を水平に動かす

すでにお話ししたように、大気は、地表からの長波放射のほか、接している地面や海面から伝わる熱、水蒸気として加わる潜熱などで暖められる。その加熱効果は、中緯度より低緯度で大きい。その結果、低緯度の大気は中緯度に比べて全体的に温度が高くなっている。

ハドレー循環について説明しよう。ハドレー循環は北緯30度～南緯30度くらいの低緯度帯に見られる対流圏の循環だ。北半球のハドレー循環では、赤道付近で空気は上昇し、上空で向きを北に変えて水平に進んで、亜熱帯付近で下降に転じる。地表近くまで下りてくると、こんどは向きを南に変えて出発点に戻る。こうして一まわりの循環になる。南半球では、赤道を挟んで北半球と対称な循環になる。

これから説明したいことはふたつある。ひとつは、上昇した空気が上空でなぜ向きを南北に変えるのかという点。もうひとつは、なぜそのまま上空を中緯度、高緯度へと流れていかず、途中で下降に転じるのかという点だ。

その説明のポイントは、ひとつめに対しては「気圧」、ふたつめに対しては「コリオリの力」だ。これらはそれぞれ第3章、第4章の主役なので、詳しい話はそこでするとして、ここでは必要最小限のものだけでハドレー循環を説明しておきたい。

まずは、赤道付近と、赤道からやや離れた亜熱帯の大気の気圧について。

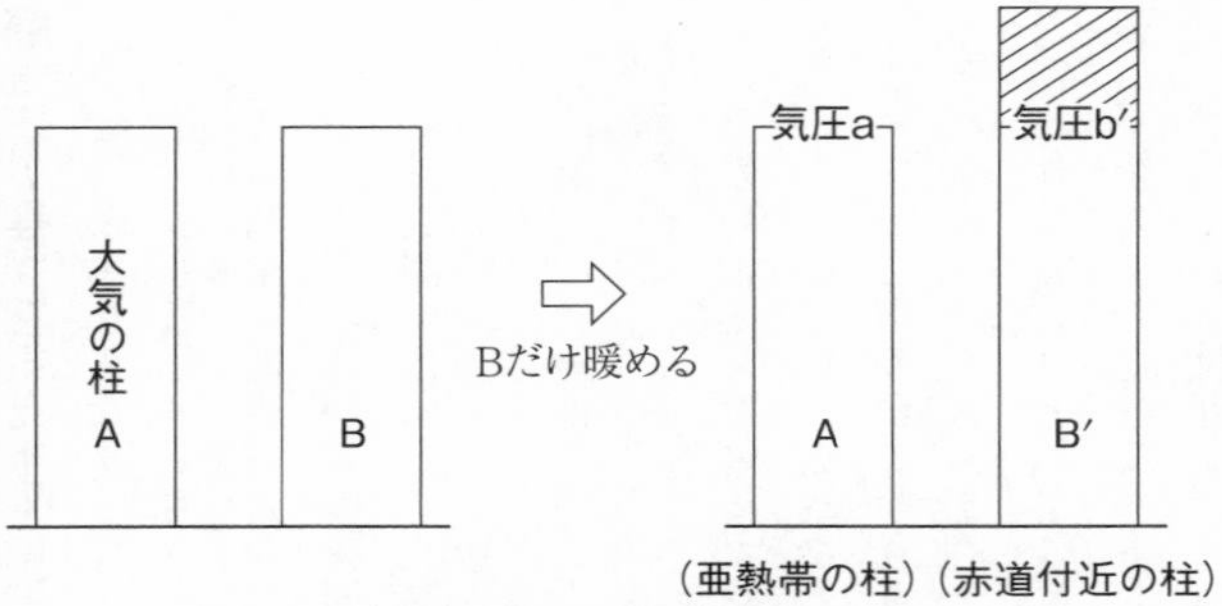

図2-14　大気の温度と気圧差

２本の大気の柱Ａ、Ｂを考える。Ｂを暖めると空気は膨張して伸びる（B′）。このとき大気柱Ａの上部の高度で両者の気圧を比べると、B′の気圧b′は、Ａの気圧ａより、図の斜線で示された空気の重さのぶんだけ高くなっている。したがって、この高度の空気はB′からＡの向きに動く

さきほど、大気の気圧は、その部分より上にある空気の重さだという話をした。いまここに、高さ10キロメートルの２本の大気の柱があるとしよう。まったくおなじ大気の柱で、いずれも下のほうでは気圧が高く、高度が増すにしたがって気圧は低くなっている。

片方の大気の柱を暖めてみる。赤道付近の大気のつもりだ。すると空気は膨張して上方に伸びる。伸びて高さが12キロメートルになったとする。区別するために、これを「赤道付近の柱」、暖めていないほうを「亜熱帯の柱」とよぶことにしよう。

両方の柱を高度10キロメートルで比べてみる。赤道付近の柱は、それより上にまだ2キロメートルぶんの空気がある。亜熱帯の柱は、それより上に空気がない。したがって、高度10キ

ロメートルでの気圧は、赤道付近の柱のほうが亜熱帯の柱より大きい（図2－14）。

このふたつの柱に挟まれた空気は、気圧の高い赤道側からは強い力で、気圧の低い亜熱帯側からはそれより弱い力で押される。結局、赤道側からの強い力がまさって、空気は赤道付近から亜熱帯に向かって流れる。北半球のハドレー循環では北向きの流れになる。

さて、こうして赤道付近の柱の側から亜熱帯の柱に空気が流れた。すると、流れ去った空気のぶん、赤道付近の柱の空気は少なくなる。地表での気圧は、その上にある空気の重さの総和だから、赤道付近の柱では亜熱帯の柱より地表付近の気圧は低くなっている。したがって、地表付近では亜熱帯の側から赤道の側に空気は流れる。北半球では南向きの流れだ。

こうして空気は、

「上昇 ↓ 上空で北向き ↓ 下降 ↓ 下層で南向き」

と一巡する。南半球のハドレー循環では、

「上昇 ↓ 上空で南向き ↓ 下降 ↓ 下層で北向き」

だ。ただし、これではまだハドレー循環の説明は完結していない。なぜ上空の流れは高緯度に達することなく、中緯度で下降してしまうのかが、説明されていないからだ。

■コリオリの力で流れは中緯度どまり

地球は球体で、しかも自転している。この地球上で動く物体には、動く向きが東西南北のいずれであろうと、動く方向に対して北半球では直角右向きの、南半球では直角左向きの力がはたらく。これが「コリオリの力」だ。北半球で野球のピッチャーが完璧なストレートを投げたとしても、キャッチャーに届くまでには球筋は右に曲がっている。

じつは、ほんとうは右に曲がってはいない。ボールはまっすぐ進んでいるのだが、そのあいだに地球のほうがまわっている。わたしたちは自分が地球とともにまわっていると自覚していないので、球筋のほうが曲がったと思う。曲がったからには力がはたらいたはずだ。球筋が曲がったという自分の感覚とつじつまを合わせるために導入した仮想的な力が「コリオリの力」だ。仮想的な力であって、ほんとうの力ではない。これについては第4章で詳しく説明しよう。

ともかく、北半球では動く物体に右向きの力がはたらく。それがボールであろうと空気であろうとおなじことだ。上空で北向きに動くハドレー循環の流れに対しても、右向きに力がはたらく。流れはやや東向きになる。この流れに対しても右向きの力がはたらく。ますます東向きになる。これに、さらに右向きの力がはたらく。結局、この流れはある緯度を越えて北のほうには流れていけず、行き場を失い下降する。それが亜熱帯のあたりなのだ。

地表付近では、北から南に吹く風に右向きの力がはたらいて、北東から南西に吹く風になる。「北東貿易風」とよばれるのは、この風のことだ。南半球では、南から北に吹く風に左向きの力がはたらいて、南東から北西へ吹く「南東貿易風」になる。

この貿易風は、風をさえぎるものがない太平洋や大西洋などの海洋ではっきりしていて、季節を問わずおだやかに吹く。風向きのうち東西の成分に注目して「偏東風」ともよばれている。東から西に向かう風という意味だ。偏東風は高緯度にもあるが、ふつう偏東風というと、この低緯度の偏東風を指す。

1735年にイギリスの気象学者ジョージ＝ハドレーが提案したこの循環では、じつは、赤道から遠ざかる上空の流れは高緯度にまで達している。低緯度で空気は上昇し、下降域は極近くまで広がっている。フランスの物理学者ガスパール＝ギュスターブ＝コリオリが「コリオリの力」を導きだしたのは、それから100年後の1835年。ハドレーの提案では下降域が亜熱帯になっていなかったのも、無理はない。

こうして、ハドレー循環の流れは亜熱帯域で下降してくる。上空より地表付近のほうが気圧が高いので、下降してくる空気は圧縮されて温度が上がる。温度が上がると、その空気が含みうる水蒸気の上限が増える。すなわち湿度が下がる。高温で乾燥した空気が下りてくるのだ。アフリカ北部の広大なサハラ砂漠、オーストラリア中西部にいくつもある砂漠などは、こうしたハドレー循環の下降域にある。

■フェレル循環は見かけの循環

ハドレー循環以外の南北循環にも触れておこう。

地球の大気には三つの南北循環がある。ひとつが低緯度のハドレー循環。それに中緯度のフェレル循環、高緯度の極循環だ（図1－2）。

極循環は、60度くらいの緯度で上昇して極の付近で下りてくる弱い循環だ。ハドレー循環とおなじく、気温の高い低緯度の側で上昇して気温の低い高緯度で下降してくる。実際に大気はこう流れている。このタイプの循環を「直接循環」という。

ハドレー循環と極循環に挟まれた中緯度のフェレル循環は風変わりだ。直接循環と違って、60度くらいの緯度で上昇し、上空を低緯度方向に流れて30度くらいで下降する。地表付近は高緯度向きの流れになる。寒いはずの高い緯度で上昇し、暖かい緯度で下降するわけだ。ハドレー循環や極循環と逆だ。

じつは、フェレル循環という循環は存在しない。

中緯度帯では、北半球でも南半球でも、温帯低気圧や移動性高気圧が発生して西から東に移動していく。低気圧や高気圧は空気の上昇と下降をともなう。この中緯度帯の大気について、東西方向にぐるっと地球を一周して平均をとってみる。時と場所による上昇流や下降流をならして、全体としての平均像を求めることになる。すると、中緯度帯の高緯度寄りには上昇流が、低緯度寄りには下降流が現れる。つまり、高緯度寄りには、どちらかといえば下降流より上昇流が生じていることが多く、低緯度寄りには下降流が生じていることが多いわけだ。

つねに安定した大気の循環がみられるという意味でのフェレル循環は実在していない。平均をとることで現れる見かけ上の循環だ。この見かけ上の循環を、実在している本物の循環である直接循環に対して「間接循環」という。フェレル循環については、偏西風帯の温帯低気圧や移動性高気圧と関連づけて、第5章でもういちどお話ししたい。

第3章

隣どうしの空気は押し合う——気圧の話

高度5500メートル付近の高層天気図。平均気圧が500ヘクトパスカルになる高度をメートルで示している

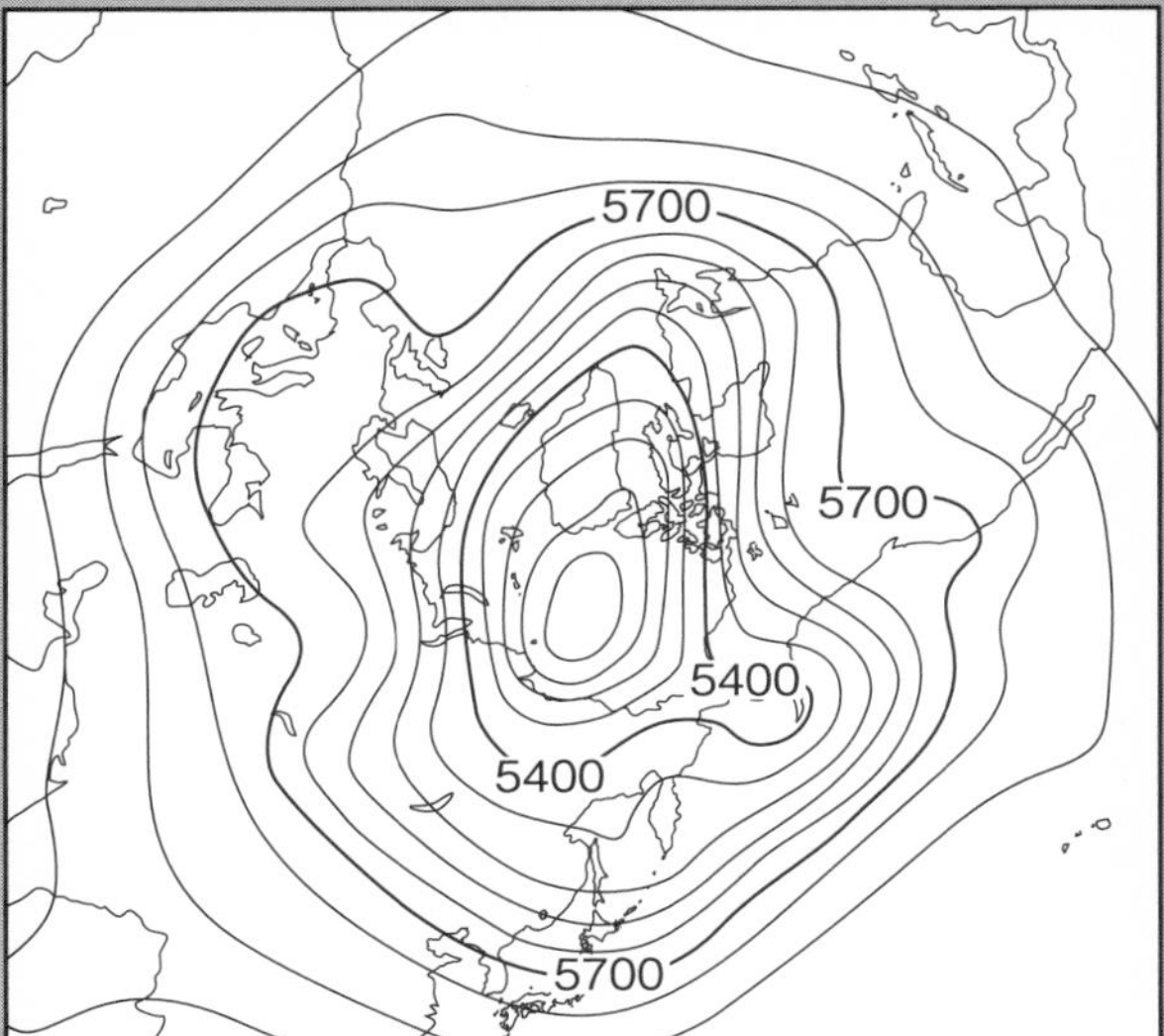

■たしかに空気は上昇するが……

第2章では、熱そのもの、そして熱のようなはたらきをする水蒸気で大気が上昇する話をした。その結果、わたしたちが暮らす対流圏の上端にまで達するほどの背の高い巨大な積乱雲が生まれる。その高さは十数キロメートルにも達する。

だが、地球全体をおおっているこの対流圏は、けっして厚い層とはいえない。むしろ薄い。もし地球が直径60センチメートルの球ならば、対流圏の厚さはわずか0・5ミリメートル。地球の表面に張りついた薄い皮のようなものだ。その皮の中で、さかんに大気の対流活動が起こり、大循環として流れている。

気象学では、高さが増したり減ったりする上下の方向を、しばしば「鉛直方向」という。「鉛直」とは、糸の端にたとえば鉛のおもりをつけて下げたとき、ピーンと張った糸に沿う向きのことだ。地球の重力がおもりを引っ張っている向きでもある。

鉛直方向と対になる言葉が「水平方向」だ。容器に入れた水は、やはり地球の重力に引っ張られて平らな水面をもつ。この水面に沿う向きが水平方向。鉛直方向と直角になっている。気象学では、南北や東西の方向がこれにあたる。

この言い方をすれば、地球の大気の運動は、鉛直方向より水平方向のほうが圧倒的にスケールが大きい。鉛直方向の動きは大気を駆動するエンジンとして重要だが、大気の運動を大局的にみれば、そもそも大気は水平方向に動くものだといってよいだろう。

第2章の中心テーマは、熱による空気の鉛直方向への移動だった。この動きに関係の深い力は「浮力」だ。この第3章では、水平方向の動きについてお話しする。キーワードは「気圧」。動きに関係するのは「気圧傾度力」や「コリオリの力」などの力だ。

■気圧の構造をリアルに感じる

「高気圧」「低気圧」という言葉は、テレビのお天気コーナーでもおなじみだ。天気図にも描かれている。周囲に比べて気圧の高い領域が高気圧で、低ければ低気圧。まさに文字どおりだ。では、それはどこの気圧なのか。答えは地上で測った気圧だ。

いうまでもなく、高気圧も低気圧も立体的な構造をもっている。高気圧にしても、地上で気圧が高いからといって、上空まで気圧が高いとはかぎらない。

ここではまず、大気の気圧を立体的に、かつリアルに感じられるようになっておこう。これはまた、第4章で上空を吹く偏西風の説明をするときに欠かせない考え方でもある。気圧のしくみについては、第2章の「気圧の差が空気を水平に動かす」の節でも簡単に触れた。それを思い出しながら説明を始めたい。

気圧の基本は、「その位置より上にある空気の重さが気圧になる」ということだ。たとえば、ある場所の高度500メートルと1000メートルの気圧は、当然のことながら500メートルの気圧のほうが高い。高度1000メートルでの気圧に、それより下にある500~1000メートルの空気の重さを加えたものが、高度500メートルでの気圧になるからだ。

第2章で「大気の柱」の話をした。赤道付近で暖められて上昇したハドレー循環の流れが、上空でなぜ赤道付近から亜熱帯に向かう水平方向の流れになるのかを説明した部分だ。そこでの結論は、「より温度の高い赤道付近上空の気圧は、亜熱帯のおなじ高度の気圧より高い」「だから、上空では赤道から亜熱帯に向けて空気が流れる」というものだった。

ここで、あらためて詳しく説明しておこう。話を一般化するために、隣りあうふたつの大気の柱を大気柱A、大気柱Bとしよう。

もともとふたつの大気柱はおなじものだったとする。いま大気柱Bを暖めてみる。すると、大気柱Bは膨張して上に伸びる。大気柱AとBのおなじ高度での気圧を比べると、上に伸びたBのほうが、その高度より上にたくさんの空気をもっていることになるので、気圧が高い。したがって、空気は大気柱BからAに移動する(図3-1①)。

もともと大気柱Aにはなかった空気が上空でBから移動してきたのだから、空気の総量は大気柱AのほうがBより多くなる。地上の気圧はその上の空気の量で決まるから、大気柱AのほうがBより気圧は高くなる(②)。

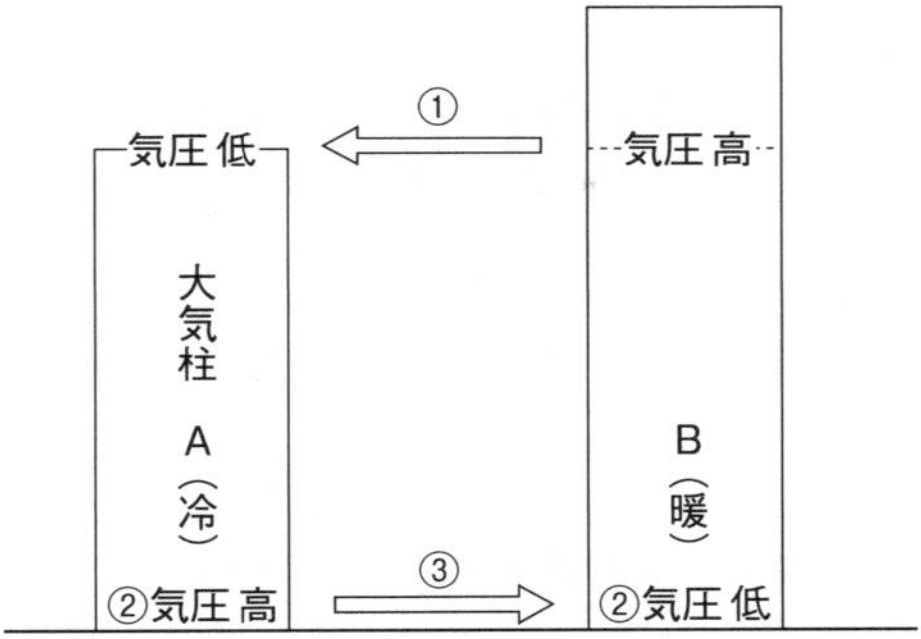

図3-1　地上で上空と逆に空気が流れる理由
図の①〜③は本文に対応

まとめていうと、こういうことだ。上空の気圧は、大気柱Bのほうが A より高い。だから空気はBからAに流れる。地上の気圧は、大気柱Aのほうが B より高い。だから地上の空気はAからBに流れる（③）。

この考え方では、大気柱Bは全体が一様に暖まるという、もっともシンプルな状況を暗黙の前提にしている。現実には、暖められるのが地面付近だけだったり、暖められて空気が上昇するとき膨張して冷えたりすることもある。だが、そうしたバリエーションを考える際にも、このシンプルな基本像が助けになる。

もうひとつ注意しておきたいのは、大気柱Bは暖かく、大気柱Aはそれより冷たいといっても、それはあくまでも両者を比較した相対的な話だという点。熱帯域と寒帯域のように極端な差がなくても、わずかな違いでこのような現象は起こりうる。

$$m\vec{a} = \vec{F}$$

質量　加速度　力

※加速度と力は、大きさと向きをもったベクトル量

図3-2　ニュートンの運動方程式
質量mの物体に$\vec{F}$の力を加えると、その方向に加速度$\vec{a}$が生ずる

■「気圧傾度力」が空気を動かす

これまで、気圧が高い高気圧の部分から気圧が低い低気圧の部分に向かって風が吹くのを、当然のこととして、とくに説明もせずに話を進めてきた。ここでいったん立ち止まり、力と物体の動きの関係について、いちどきちんとお話ししておきたい。ある物体に力がはたらくとはどういうことか、力がはたらくとどうなるのかを知っておくと、このさきお話しする「コリオリの力」「地衡風」などの理解が楽になるからだ。

力と物体の動きの関係を明確に示したのは、17～18世紀の英イングランドに生きた自然哲学者アイザック＝ニュートンだ。「物体に力を加えると、物体はその力の向きに加速度を生ずる。加速度の大きさは、加えられた力の大きさに比例し、物体の質量（重さ）に反比例する」。これを式で表した「ニュートンの運動方程式」は高校の物理で習う（図3－2）。

物体が1秒間にどの向きにどれくらい移動するかを示すのが「速度」。1秒間にどれくらい速度が変化するかを示すのが「加

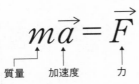

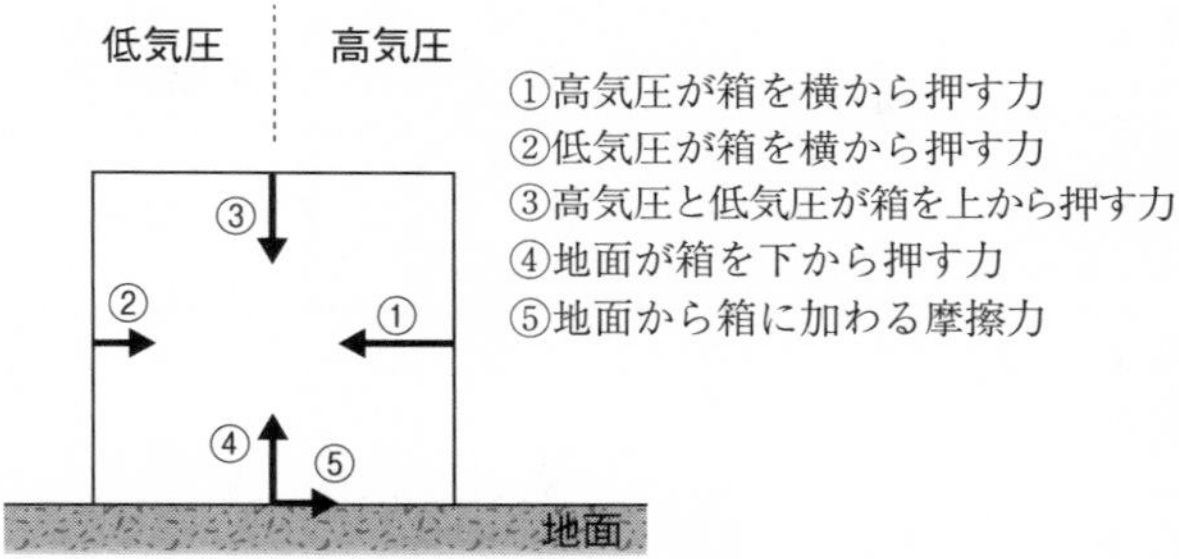

図3-3　高気圧と低気圧におおわれた箱にはたらく力

速度」。ある一定の力が物体にはたらけば、その物体には力とおなじ向きに一定の加速度が生まれる。加速度が一定なら、それはすなわち速度が増すペースが一定ということだから、どんどん速くなる。

いま立方体の箱が地面に置かれているとしよう。この箱はちょうど高気圧と低気圧の境目にあって、右半分は高気圧に、左半分は低気圧におおわれているとする。話を簡単にするために、箱の質量は無視しよう（図3－3）。

このとき、箱には大気からいくつかの力が加えられている。

ひとつは、箱の上面を鉛直下方に押す力（③）。高気圧におおわれている右半分のほうが、低気圧の左半分より大きな力で押されている。だが、当然ながら、箱がこの力の向きに動くことはない。地面が支えているからだ。力の関係でいえば、地面と接している面には、上面に加わっている力と大きさはおなじで逆向きの力が加えられている（④）。

もうひとつは、箱の側面を高気圧側から低気圧側に押す力

（①）と、低気圧側から高気圧側に押す力（②）。前者の力は後者より強いので、差し引きすると高気圧側から低気圧側に押す力がまさる。したがって、箱と地面のあいだの摩擦力（⑤）が小さければ、箱は高気圧側から低気圧側に動き始める。

高気圧側から低気圧側にかかるこの力を、気象の世界では「気圧傾度力」という。「気圧の傾き」という言葉は実態をイメージしにくいが、地面が傾いて坂になっていれば低いほうに物が動くように、気圧に大小があれば、つまり傾きがあれば、気圧の高い側から低い側に物は押されて動くということだ。

残る手前と向こうの2面には、正反対の向きにおなじ大きさの力が加わることになるので、打ち消しあってゼロになる。したがって、箱の動きには関係ない。

物体にまったく力が加わらなければどうなるか。その物体がもともと動いていなければ、このさきも動かない。もし、すでに動いているなら、その動きを続ける。止まるのではない。もし止まるとすれば、たとえば床や周囲とのあいだに、その動きを止めるブレーキになる力がはたらいているからだ。

第4章で詳しく説明するが、大気の大循環を考える際のキホンのキといえる「地衡風」という流れがある。これは、大気の流れの各部分に対して、気圧傾度力と「コリオリの力」が正反対の向きにはたらく結果、なにも力がはたらいていないのと同様に、姿を変えることなく流れ続けるしくみの風だ。高気圧の周囲をまわる風も、地球を周回するジェット気流も、そのしくみの基本はこの地衡風だ。

■台風のような「猛烈な高気圧」は存在しない

大気の動きを理解するには、その現象ではどのような力が主役になっているのかを意識することが大切なポイントだ。これを、高気圧と低気圧を例にして説明したい。

こんなことを考えてみよう。高気圧も低気圧も、その中心の周りを風が周回する構造になっている。その点ではよく似ているのに、なぜ低気圧の一種である台風のように猛烈な風が吹く高気圧というものが存在しないのだろう。それは、高気圧や低気圧を周回する風にはたらいている力を考えるとわかる。

この話に登場する力は、気圧傾度力、コリオリの力、遠心力の3種類だ。地面付近では風の流れと地面とのあいだで生ずる摩擦力も大切だが、ここでは無視する。高度1000メートルくらいより上の大気だと思ってほしい。

コリオリの力は第4章で詳しく説明するので、ここでは、風などの動く物体に作用する特殊な力で、北半球では、動く方向に対して直角右向きにはたらくとだけ覚えておいてほしい。力の大きさは、物体が動く速さに比例する。

遠心力についても第4章であらためて説明するが、ここでは、物体の進行方向がカーブするとき、外側に向けてはたらく力としておこう。高気圧、低気圧の風は、それぞれ高圧部、低圧部を中心に周回するので、遠心力の向きは、いずれの場合も、中心から外に向かう方向だ。

さて、まず高気圧を周回する風にはたらく力を考えよう。北半球の場合、高気圧の周囲には時計まわりの風が吹いている。

高気圧は、中心部の気圧が周縁より高い。したがって、周回する風にはたらいている気圧傾度力は、中心からまっすぐ外に向いている。もし風にはたらく力がこれだけなら、風は気圧傾度力の向き、すなわち中心から外の方向に加速度を得ることになり、風は周回などしていられない。すなわち、高気圧は維持されない。

高気圧は維持されているのだから、この気圧傾度力を打ち消すように、外側から中心に向かう力がはたらいているはず。これが「コリオリの力」だ。それともうひとつ、周回する風には外向きに遠心力もはたらいている。

3種類の力を整理すると、こうなる。高気圧の場合、内側に向くのはコリオリの力、外側に向くのが気圧傾度力と遠心力だ。流れる風にはたらく気圧傾度力と遠心力の合計がコリオリの力とつりあって、実質的に力がゼロになっている。このバランスがとれているとき、高気圧は存在できる（図3－4）。

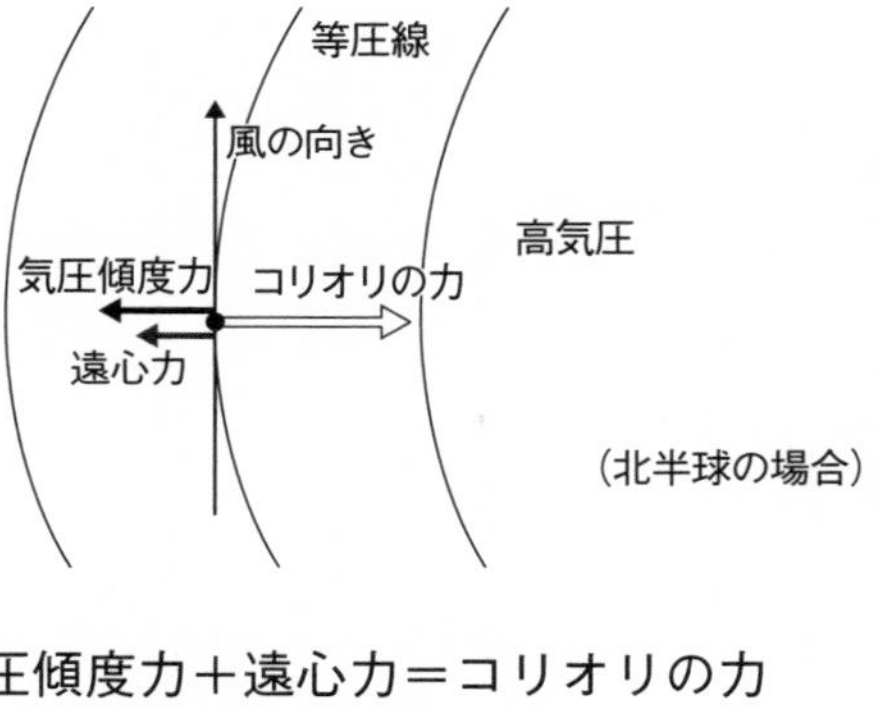

図3-4　高気圧を周回する風にはたらく力
気圧傾度力と遠心力の大きさの和が、コリオリの力の大きさになっている。力が打ち消し合って実質ゼロになり、風はそのまま変わらず運動し続けることができる

かりに、高気圧をめぐる風が、とても強くなったとしよう。コリオリの力の大きさは、さきほど述べたように、風の速さに比例する。一方、遠心力は、風の速さの2乗に比例する力だ。風の速さが2倍、3倍、4倍になると、コリオリの力は2倍、3倍、4倍に、遠心力は4倍、9倍、16倍になる。遠心力が増す割合のほうが、コリオリの力が増す割合よりはるかに大きい。

すると、どうなるか。風が弱いときはコリオリの力に比べて取るに足りなかった遠心力が、風が強い場合は、どんどん影響力を増してくる。やがてはコリオリの力とおなじくらいになってしまう。

ここで、高気圧で風にはたらく力の大きさは、その向きを考えると、

気圧傾度力＋遠心力＝コリオリの力

の関係になっていることを思い出してほしい。風速が増して遠心力がコリオリの力とおなじ強さになってしまったら、気圧傾度力はゼロでなければならないことになる。これは、周回する風の内側と外側とで気圧の差がないということだ。すなわち、これは高気圧ではない。高気圧では、このような力関係はありえない。周回する風が猛烈に速い高気圧は存在しえないのだ。

低気圧の場合は、事情が違ってくる。内側に向くのは気圧傾度力、外側に向くのはコリオリの力と遠心力だ。

気圧傾度力＝コリオリの力＋遠心力

の関係になっている。風が速くなると、コリオリの力も遠心力も増す。その合計が気圧傾度力とつりあえば、低気圧は存在できる。そして、この式をみればわかるように、どんなに風が速くても、低気圧の中心気圧が下がって気圧傾度力が大きくなれば、「気圧傾度力＝コリオリの力＋遠心力」の関係は成立しうる。つまり、台風のように強い風が周回する低気圧は存在しうる。

ここで説明した高気圧や低気圧のように、気圧傾度力とコリオリの力、遠心力の３種類がつりあって吹き続ける風を傾度風という。また、遠心力が小さくて無視できて、気圧傾度力とコリオリの力の２種類がつりあって吹く風を地衡風という。

気圧傾度力＝コリオリの力

の関係を満たす風だ。

高気圧や低気圧、大気大循環のようにスケールが大きい大気の流れの場合、遠心力を考える必要があるのは、強い風がカーブを描いて流れている台風の中心付近のような特殊な例だけだ。その意味で、大気の流れの基本は地衡風だ。地球をめぐる規模の大きな風の流れは、基本的には地衡風だと考えてよい。

■風は等圧線に沿って流れる

高気圧や低気圧では、風は中心の周りを地衡風として周回していると説明してきた。これを、もうすこし気圧と関連づけてお話ししておこう。コリオリの力の向きは北半球と南半球で逆になるので、話を直観的にわかりやすくするため、日本がある北半球を例に説明していこう。

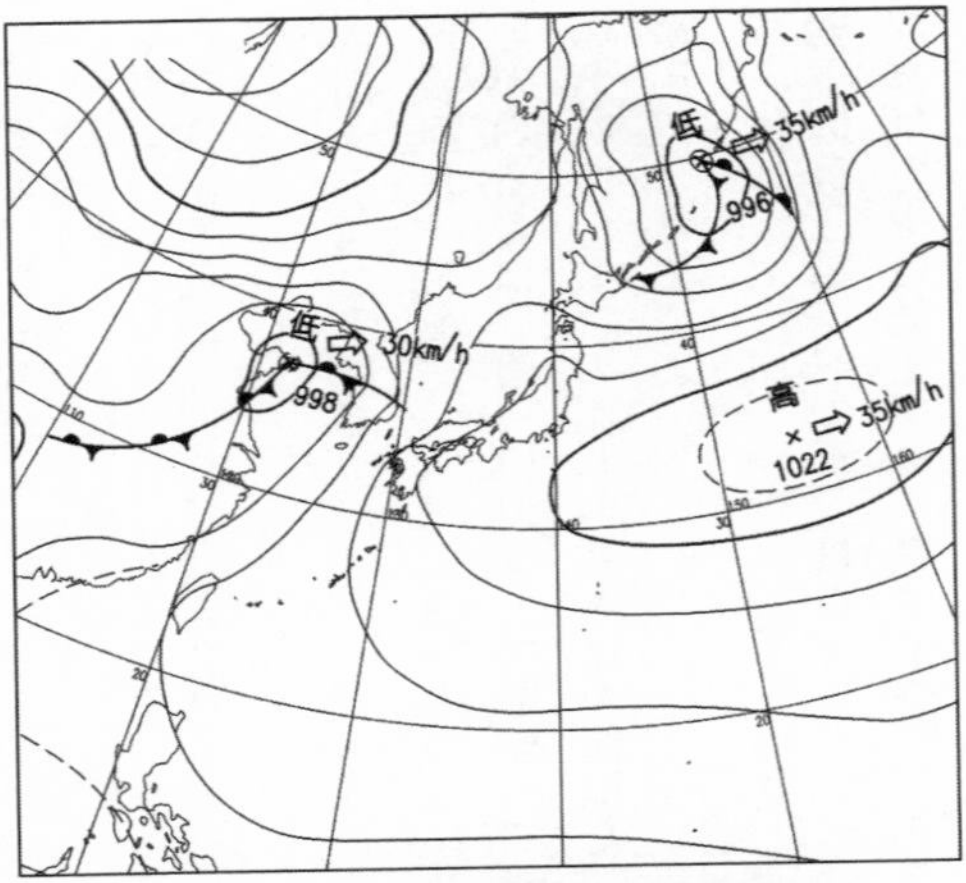

図3-5　日本付近の地上天気図

2023年5月5日午前6時の地上天気図。高気圧の中心気圧は1022ヘクトパスカルで、4ヘクトパスカルおきに等圧線が描かれている（気象庁のホームページより）

高気圧は、周囲より気圧が高い領域のことだ。中心にいくほど気圧が高くなっている。天気図でみると、いくつもの同心円状の曲線で囲まれている。この同心円状の閉じた曲線は、おなじ気圧の地点を線で結んだものだ。このそれぞれを「等圧線」という。

たとえば、中心の気圧が1022ヘクトパスカル、いちばん内側の等圧線は1020ヘクトパスカル、ひとつずつ外側に1016、1012ヘクトパスカルの等圧線が同心円状に描かれる。1000ヘクトパスカルを基準として4ヘクトパスカルごとに細い実線で、20ヘクトパスカルごとに太い実線で描かれるのがふつうだ（図3－5）。

高気圧は、上空ではおおよそ地衡風のバランスが成立している。話を簡単にするために、等圧線が完全に同心円状だとしよう。すると、気圧傾度力は、同心円の中心からまっすぐ外向きにはたらく。とすると、気圧傾度力とバランスするコリオリの力は、中心を向く方向だ。北半球では、コリオリの力は、風の動く方向の直角右向きにはたらくので、風が吹く向きは、この同心円に沿って時計まわりということになる。風が同心円のどの位置で吹いていても、これで「気圧傾度力＝コリオリの力」のバランスが成立する。

地衡風のポイントを要約すると、こういうことだ。地衡風は、北半球では気圧の高いほうを右にみて等圧線に沿って吹く。

低気圧についてもおなじことだ。たとえば台風。中心には９８０ヘクトパスカルといった低い気圧をもち、同心円状の等圧線は、外に行くほど気圧が上がって数値が大きくなっていく。風は圧力の高いほう、すなわち外側を右手にみながら等圧線に沿って吹く。反時計まわりの風だ。

天気図で等圧線が混んで密になっているところでは、強い地衡風が吹いている。

等圧線の間隔が狭く密になっている場所では急激に気圧が変化していて、気圧傾度力が大きい。地衡風で気圧傾度力が大きければ、それと対になるコリオリの力も大きい。地衡風では「気圧傾度力＝コリオリの力」の関係が成り立っているからだ。コリオリの力の大きさは、吹いている風の速さに比例する。したがって、気圧傾度力の大きい場所を吹く地衡風は風速が大きくなければならない。同心円状の等圧線が幾重にもぎっしり詰まった台風が、その典型だ。気圧の低い中心部を左にみながら、強い風が等圧線に沿うように吹く。

■高層天気図は「等高度線」で描かれる

テレビのお天気コーナーでよく目にする天気図は、地上で観測した気圧をもとに等圧線を描いた「地上天気図」だ。これとは別に、高度1500メートル、5500メートル、9000メートル付近の状況を示す「高層天気図」もよく使われる。

気象庁は、月初めになると、その前の月の天候がどのようなものだったのかをまとめて発表している。その発表資料にも、ここでいう高度5500メートル付近の高層天気図がかならず添えてある。北極の上空から見た図だ。わたしたちは地表に住んでいるので、生活実感としては地上天気図がわかりやすいが、地表付近の気象は地形の影響なども受けやすく、地球規模での全体像はみえにくい。いま地球大気にどのような流れが生じているのかを知るには、高度5500メートルあたりの状態をみるのが便利だ（図3－6）。

高層天気図には、地上天気図の「等圧線」にあたる「等高度線」が引かれている。その説明をこれからしていくが、結論を先にいうと、地衡風はこの等高度線に沿って吹いている。これまで「地衡風は等圧線に沿って吹く」と説明してきた。これを、高層天気図では「地衡風は等高度線

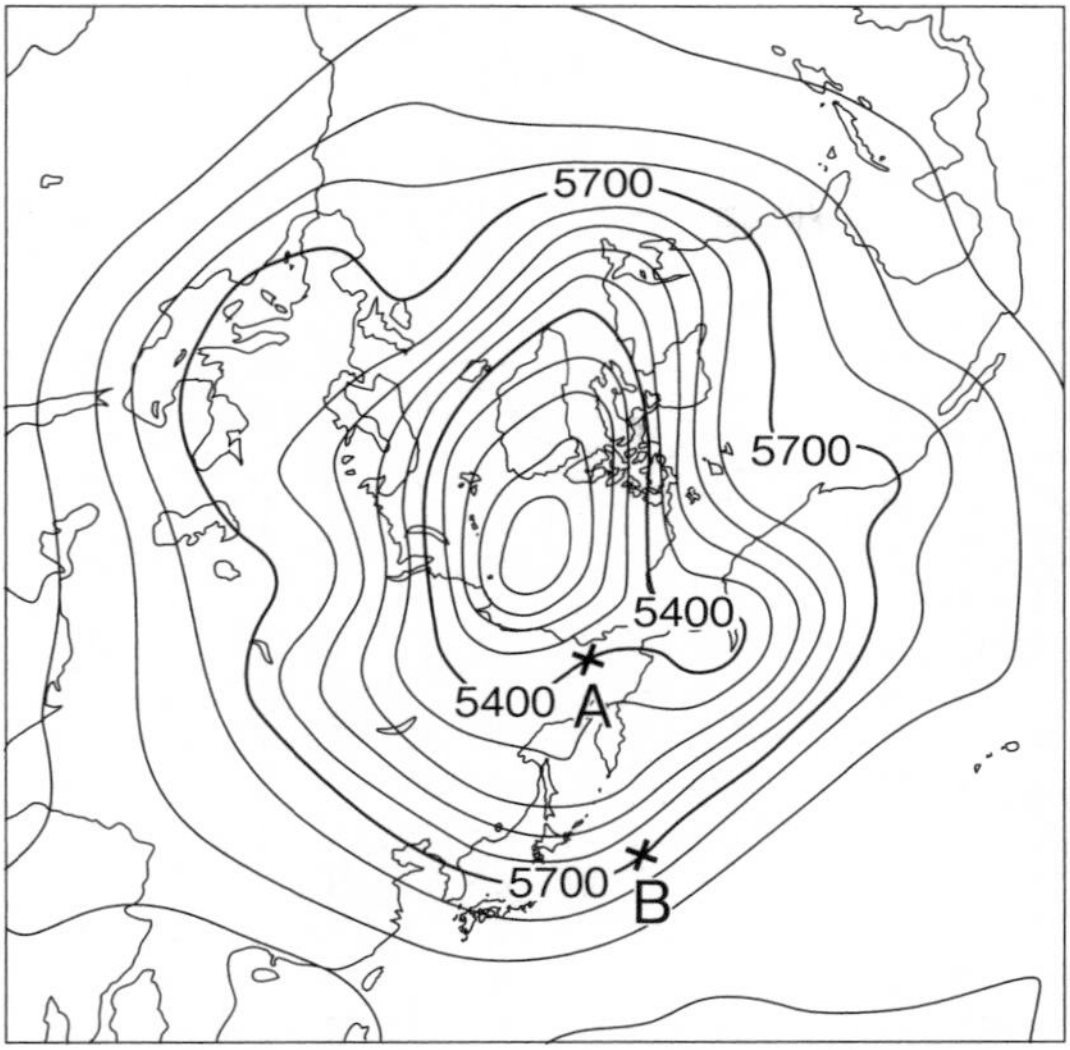

図3-6　高度5500メートル付近の高層天気図

2023年5月の平均気圧が500ヘクトパスカルになる高度をメートルで示している。おなじ高度が「等高度線」で結ばれている。地上天気図の「等圧線」に相当するものだ。点A、Bについては図3-7を参照（気象庁の資料をもとに作成）

に沿って吹く」と読み替えてかまわない。

はるか上空の気象を観測するには気球を使う。ラジオゾンデとよばれる観測装置などを気球につるし、一日に2回、世界中でいっせいに観測する。日本では午前9時と午後9時にあたる。

ラジオゾンデには、気圧や気温、湿度などを観測するセンサーが搭載されている。だが、高度は測定していない。その場の高度は、これらの観測データを使い、第2章でお話しした静水圧平衡の原理を用いて計算で求める。観測データとしてまずわかるのは「気圧」であり、高度は、それをもとに算出される。

　そのため、高層天気図は、直接の観測値である気圧を基準にして描かれている。たとえば、対流圏中層の状況を示す500ヘクトパスカルの天気図。図3－6の高層天気図では、500ヘクトパスカルの気圧になる高度が何メートルなのかが等値線で示されている。北極をぐるりと囲むように描かれた等値線には、5400、5700などの数値が添えられている。5400の等値線は、気圧が500ヘクトパスカルになっている高度が5400メートルであることを、5700の等値線はその高度が5700メートルであることを示している。

　つまり、この500ヘクトパスカルの高層天気図は、5000～6000メートルくらいの高度の状況を表していることになる。テレビのお天気コーナーで「上空5500メートル付近には北から南に向かう風が吹いていていて……」などというときは、この高層天気図の内容を説明している。

　同様に、850ヘクトパスカルの等高度線は高度1500メートル付近の、300ヘクトパスカルの等高度線は高度9000メートル付近の状況を表す。850ヘクトパスカルは地面からの加熱や冷却などによる影響を除いた対流圏下層の状況を、300ヘクトパスカルは広域の天候に影響をおよぼすジェット気流のような対流圏上層の状況を示している。

■等高度線がわかれば上空の流れが読める

高層天気図の等高度線は、ふだんお目にかかる機会が少ないだけに、地上天気図の等圧線に比べてなじみが薄い。そこの気圧がどうなっているのかイメージもしにくい。だが、大気の大循環は、基本的には地表ではなく上空の話だ。高層天気図が感覚的に読めるようになることは、大気の大循環像に迫る大きな一歩だ。気圧の等高度線について、もうすこし話をしておこう。

図３－６の高層天気図で特徴的なのは、５００ヘクトパスカルの等高度線が、北極周辺の高緯度では低く、低緯度になるにしたがって高くなっていることだ。この図は北極を上から見た描き方になっている。これを横から見た模式図が図３－７だ。

図３－６の５４００メートル、５７００メートルの等高度線にある点Aと点Bは、図３－７の点Aと点Bにそれぞれ対応している。５００ヘクトパスカルになる高度は、図３－７では高緯度では低く低緯度では高くなるように傾いている。それは、低緯度は気温が高く空気が膨張して軽くなっているからだ。

話を簡単にするため、地表の気圧はどこも１０００ヘクトパスカルだとしよう。そのとき、その気圧が半分の５００ヘクトパスカルになる高度は、低緯度と高緯度でどう違うだろうか。低緯度の空気は暖かくて軽い。したがって、高度とともに５００ヘクトパスカルぶんの気圧が減るた

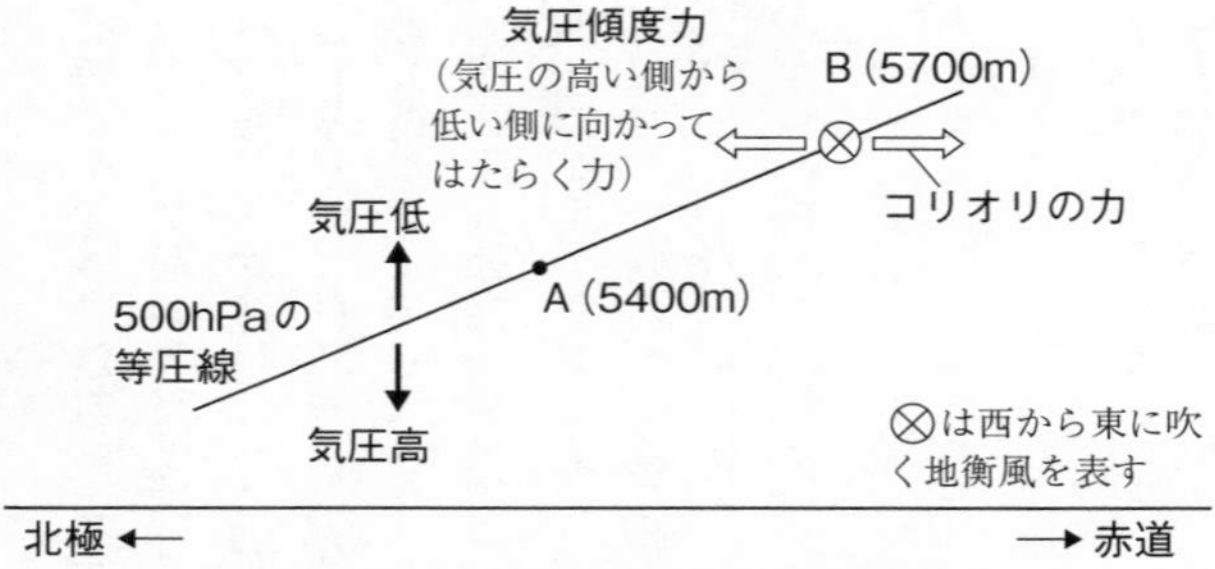

図3-7　地衡風の向きと等高度線

点A、Bは図3-6のAとB。この2点を含む縦の断面を横から見ている。気圧は、500ヘクトパスカルの等圧線から下に行くほどそれより高く、上に行くほど低くなる。点Bでは左向きに気圧傾度力がはたらくことになるので、それとコリオリの力でバランスをとれるのは、この図で手前から向こう側に流れる地衡風だ

めに必要な空気の量は、気温の低い高緯度より多い。大気の柱で考えれば、高い柱が必要だ。したがって、500ヘクトパスカルとなる高度は、高緯度より低緯度のほうが高い。

このとき、図3－7で、たとえば高度5700メートルの点Bでは、どのような風が吹いているだろうか。おなじ5700メートルの高度で比べると、点Bより低緯度側の気圧は500ヘクトパスカルより高く、高緯度側ではそれより低い。つまり、点Bの空気には、低緯度側から高緯度側に気圧傾度力がはたらいている。

もし、この図3－7の手前から向こう側に空気が動いていれば、その直角右向き、すなわち高緯度側から低緯度側にコリオリの力がはたらく。気圧傾度力とコリオリの力が打ち消しあってバランスし、地衡風が成立する。点Bでは、

図の手前から向こう側に地衡風が吹いているのだ。

地衡風は、北半球では高圧側を右にみて等圧線に沿って吹く。これを「等高度線」を使って言い換えると、北半球では、等高度線の数値が大きい側を右にみて、等高度線に沿って地衡風は吹く。地衡風が「等圧線に沿って吹く」といっても、「等高度線に沿って吹く」といっても、その内容は同等だ。

北半球の台風が左巻きなのは「コリオリの力」がはたらくからだ
©NASA

第4章

地球は丸くて自転している——コリオリの力

■コリオリの力は横綱級の主役

地球は丸くて自転している。それが、地球大気の大循環を、この形で成り立たせている。台風があの大きさ、あの強さでできあがっているのも、地球がもつこの性質のためだ。この性質を、わたしたちが直観的に理解しやすい形で大気の物理に導き入れるための仕掛けが、「コリオリの力」だ。第4章では、大気の流れを考える際の重要度からいえば横綱級といえる、このコリオリの力について説明していきたい。

コリオリの力は、第3章までにしばしば登場している。詳しい説明に入るまえに、その性質を簡単に復習しておこう。

コリオリの力は、動いている物体に対してだけはたらく力だ。重力や浮力は、静止している物体にもはたらく。コリオリの力は、静止している物体にははたらかない。その力の向きは、北半球と南半球とで逆である。北半球では、物体の動く方向の直角右向きにはたらき、南半球では直角左向きにはたらく。

コリオリの力は、ほんとうの力ではない。したがって、地球大気の大循環も、原理的にはコリオリの力を使わずに説明できる。だが、それはあまりにも複雑で現実的ではない。コリオリの力という「見かけの力」を考えることによって、大循環や高気圧、低気圧などの個々の現象について、その本質をつかみやすくなる。

第3章で説明した気圧傾度力は本物の力なので、風を起こす原因になる。しかし、コリオリの力は「見かけの力」なので、風を起こすことはない。風の流れる道筋を変えるだけだ。

コリオリの力は、スケールの小さな現象に対してははたらかない。より正確にいえば、無視できるほど弱い。地球規模の大きな現象にとっては欠かすことのできない重要な力だが、洗面台の排水口に生まれる渦のようなスケールの小さな動きに対しては無視してかまわない。

コリオリの力の大きさは、緯度によって違う。動く物体のスピードがおなじでも、緯度が高いほど大きな力としてはたらく。力が最大になるのは北極と南極で、赤道では、コリオリの力はゼロだ。この性質があるために、中緯度の偏西風を蛇行させる「ロスビー波」という特殊な波動が発生する。大循環を語るときに欠かせない重要な波だ。ロスビー波の面白さは、つぎの第5章でお話ししたい。

■静止衛星は静止していない

コリオリの力の説明に入るまえに、「見かけの力」とはどういう力なのかをお話ししておきたい。結論をさきに述べておこう。見かけの力とは、その現象を見る視点、あるいは立場の違いにより、そういう力があると考えてもよいし、ないと考えてもよい力だ。どちらでもよいのだから、その現象にとって本質的に重要な力ではないということでもある。

ただし、気象について考える際には、どうでもよい力とはいえない。回転する球体である地球の上で生活しているわたしたちにとって、コリオリの力を考えると、気象の説明が圧倒的にすっきりする。大循環のような現象の本質が納得できる。見かけの力ではあるが、考えずにすますことはできない不思議な力だ。

力の話はいったん脇において、いま述べた「視点の違い」の説明から始めよう。

赤道の上空には気象衛星「ひまわり」が静止している。高度は約3万6000キロメートル。ちょうど東京から真南に下って赤道と交差する東経140度の上空だ。つねにこの位置にある。だから静止衛星とよばれる。

ところで、この静止衛星は、じつは静止してはいない。地球は1日で1回転する速さで自転しているから、もしこの衛星がほんとうに静止していたら、衛星は地球に置いていかれてしまう。

静止衛星が「静止」していられるのは、衛星が地球の自転とおなじ速さ（角速度）で動いているからだ。いろいろなタイプの人工衛星が、地球の周りを周回している。そのとき、衛星のスピードは、地球からの距離によって決まっている。ちょうど1日で地球を1周できるスピードになるのが約3万6000キロメートルという高度だ。だから、これより高度が高い静止衛星も低い静止衛星も存在しない。

いまここで説明したかったのは「視点の違い」だ。遠く離れた宇宙から地球を見ていれば、衛星は静止していない。赤道の上空を移動している。しかし、地上にいる人から見れば、この衛星は東経140度の赤道上空に「静止」している。宇宙から見るか地上から見るかの違いによって、衛星は動いていると考えてもよいし、止まっていると考えてもよい。

■座標系の違いで別の見方になる

物体の位置や動きを把握するために、物理学では「座標系」を設定する。座標系といえば、中学校の数学で習ったx軸、y軸がその代表的な例だ。ふたつの軸が直角に交わる点が原点。この座標系を設定すれば、その物体の位置がx軸では原点から何目盛り、y軸では何目盛りのところになるかを数値で表すことができる。時間とともにこの数値が変化すれば、それは、この物体が動いているということだ。

さきほどの「視点の違い」は、まさにこの「座標系」の違いを意味している。たとえば太陽の動き。地上に固定した座標系から見ると、太陽は空を動いていく。ところが、太陽を座標系の原点にとると、動くのは地球のほうだ。おなじ現象でも、どんな座標系を使うかによって、その現象の記述のしかたが違ってくるのだ。

高校の物理でニュートンの運動の法則を学んだとき、最初に妙な法則がでてきたのを覚えているだろうか。「物体に外部から力がはたらかなければ、止まっているなら止まったままで、動いていればその速度のまま動き続ける」。これがニュートンの運動の第1法則で、「慣性の法則」ともよばれている。

止まっているなら止まったまま。動いているなら動いたまま。当たり前ではないか。力がはたらいていないんだから……。

だが、これを当たり前と思ってはいけない。外部から力がはたらいていないはずの太陽は、地上に固定した座標系から見ると速度が変化している。「速度」が一定というのは、おなじ向きにおなじスピードで動き続けることだ。太陽は日の出では地平線から斜め上向きに動き、日の入りのときは、斜めに下降して地平線に沈んでいく。あきらかに速度が変わっている。慣性の法則は、言わずもがなの法則ではない。

じつは、慣性の法則は、座標系の設定について述べている法則だ。第3章で触れたニュートンの運動方程式が成り立つのは、どのような座標系を設定したときかを述べている。好き勝手な座標系を設定したのでは、運動方程式は成立しない。力がはたらいているとき、「止まっているなら止まったまま」で「動いているならその速度を維持する」ような座標系を使わなければ、ここからさきの運動方程式は意味をなさない。慣性の法則は、そういう座標系宣言の意味合いをもっている。

ニュートンの運動方程式がそのまま成立する座標系を「慣性系」という。この座標系を使って物体の動きを表現すれば、物体に外部から力を加えたとき、その大きさに比例した加速度が生まれることになる、そういう座標系だ。

たとえば、宇宙空間に不動の状態で設定されている座標系は慣性系だ。一方で、地上のわたしたちがふだん使い慣れている座標系、すなわち、回転する球体である地球の上に設定された座標系は慣性系ではない。「そうなんだけれども、大気の大循環を考えるためにはニュートンの運動方程式を使いたい」この矛盾を解決するために導入する力のひとつがコリオリの力だ。

本来なら運動方程式が成立しないはずの座標系を使い、あたかもそれが成立しているかのように扱うための力。これは「つじつま合わせの便宜的な力」なのだから、ほんとうの力ではない。だからコリオリの力は「見かけの力」なのだ。コリオリの力を導入することで、慣性系でない地上の座標系でも、あたかも慣性系であるかのように、まさに高校の物理で習った初歩的な力学とおなじ感覚で話を進めることができる。

■物体の動きの原理

この「慣性」とは、なんなのだろうか。これまでに「慣性」を含む言葉をいろいろ使ってきた。いちど整理しておこう。コリオリの力や遠心力といった「慣性力」について理解するための基本になるからだ。

慣性というのは、物体に外から力が加わらないとき、その物体は現在の動きを続けるという性質のことだ。あらゆる物体に、この性質が備わっている。だが、それがなぜなのかは、わからない。わからないけれど、そういうことになっている。モヤモヤした気持ちになるだろうが、このモヤモヤについては、あとでもういちどお話ししよう。

では、慣性をもつこの物体に外部から力が加わったらどうなるか。それがニュートンの運動の第2法則だ。式で書いたものが運動方程式で、

物体の質量×加速度＝外部から加えられた力

となる。物体に力が加えられれば、その物体には質量に反比例した大きさの加速度が生ずるということだ。

この方程式の物理的な意味について述べておきたい。

数学では、方程式の左辺と右辺を交換しても、その方程式の意味は変わらない。

A＝B　と　B＝A

はおなじ意味だ。

だが、ニュートンの運動方程式は違う。

物体の質量×加速度（左辺）＝外部から加えられた力（右辺）
【結果】　　　　　　　　　　【原因】

を、左辺と右辺を交換して、

外部から加えられた力（左辺）＝物体の質量×加速度（右辺）
【原因】　　　　　　　　　　【結果】

と書いてはいけない。運動方程式の場合、右辺には、その現象を生じさせる原因となったものを、左辺には、その結果として生じたことを書く。そういうルールになっている。

力が原因となり、結果として加速度が生まれる。運動方程式は、そういう因果関係を主張している。たんなる数学の式ではない。力はかならず右辺、加速度は左辺だ。

まとめると、こういうことだ。ある特別な座標系を設定して物体の動きを追えば、その座標系に対して運動方程式が成立するのであり、そういう座標系が現実に存在するということをニュートンは主張している。

では、なぜそういう座標系が存在するのか？　その座標系では、なぜ運動方程式が成立するのか？　それを問うのは無理だ。なぜか？

物事を説明するには、その元になる確実な事実がなければならない。その確実な事実を使って、論理に矛盾がないように目指す事柄を説明する。だが、この座標系と運動方程式については、それを説明する元になる「確実な事実」がない。これらは、なにかから説明されるものではなく、他を説明する出発点だ。ここを出発点にすると、世の自然現象がとてもうまく説明できる。その経験の積み重ねが、ニュートンの考え方は正しいのだという思いを強めていく。

運動方程式がなぜ正しいのかは証明できない。この方程式は証明されるべき対象ではなく、ここが出発点になる。その意味で、慣性系の存在と運動方程式は、力と動きの関係を示す物理学における原理といえる。数学ではこれを「公理」という。「任意の2点を通る直線が引ける」といった証明不要の大前提のことだ。ここから話が始まる。

さきほどのモヤモヤは解消しただろうか。説明しようとしたからモヤモヤしたのであって、それは、そもそも説明の必要がない事柄だったわけだ。

■「慣性力」は見かけの力

わたしたちも、慣性系が存在すること、慣性系でみると運動方程式が成立することは無条件で認めよう。となると、つぎの仕事は、大気の大循環を理解しやすい座標系を探して、それが慣性系なのかどうかを調べること、もし慣性系でなかったら、運動方程式を使えるように工夫することだ。さきほど触れたように、ここにコリオリの力がでてくる。

慣性系でない座標系を非慣性系という。まず、非慣性系の簡単な例を挙げておこう。

みなさんはいま、一定の速さで進む電車に乗っている。レールは直線だとしよう。電車が急ブレーキをかけた。立っている乗客の多くは前につんのめった。つんのめって、転んでしまった人もいる。実際に、こういうことはときどき起こる。なぜ乗客はつんのめったのだろうか。

この出来事を、まず慣性系の目で考えてみよう。たとえば、地面に固定した座標系がそれだ（図4-1のAさん）。

この座標系からみると、電車は一定の速さで一定の方向に動いている。話を簡単にするため、図4-1のように、電車は左から右へ一定のスピードで進んでいるとしよう。もちろん、乗客も電車とおなじスピードで動いている。進む速さも向きも変わらない、すなわち加速度がゼロなのだから、電車や乗客にはたらいている力はゼロだ。

電車が急ブレーキをかける。ブレーキが車輪を締めつけて回転数を落とそうとし、車輪とレー

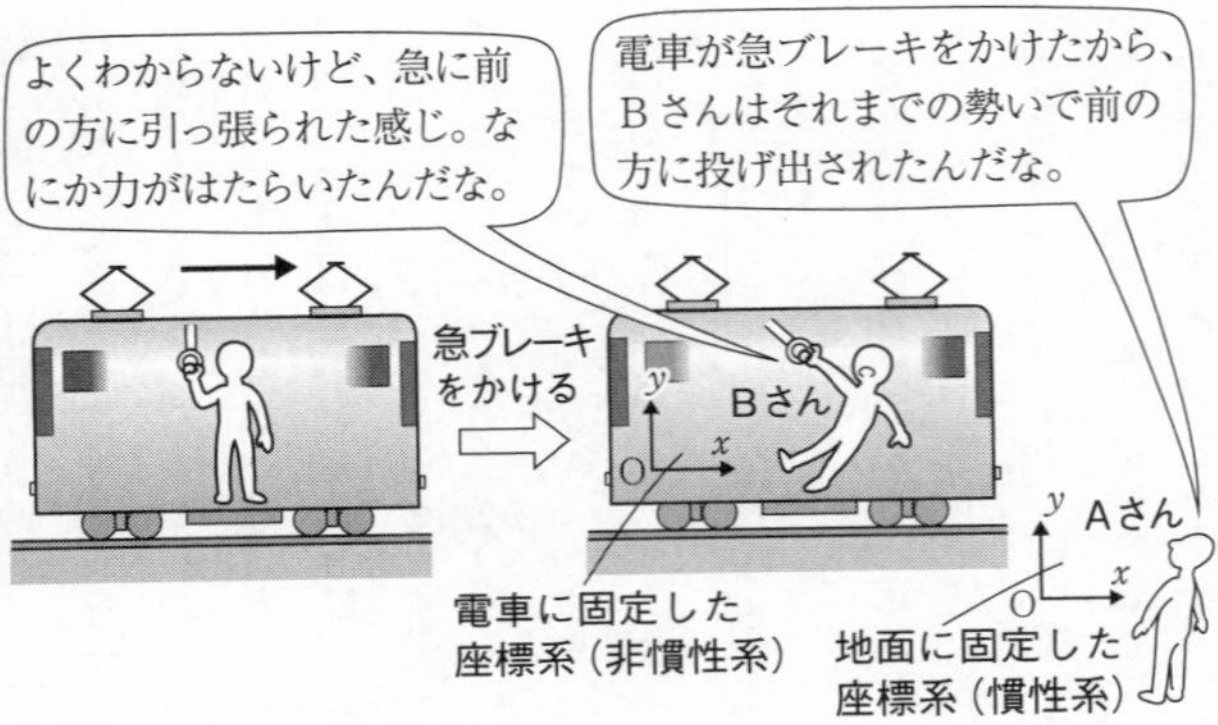
よくわからないけど、急に前の方に引っ張られた感じ。なにか力がはたらいたんだな。
電車が急ブレーキをかけたから、Bさんはそれまでの勢いで前の方に投げ出されたんだな。
急ブレーキをかける
y
x
O
Bさん
y
x
O
Aさん
電車に固定した座標系（非慣性系）
地面に固定した座標系（慣性系）

図4-1　座標系と慣性力

Bさんが乗った電車が急ブレーキをかけ、Bさんは前方に投げ出された。Aさんは、地面に固定された「慣性系」の座標で、この現象を解釈する。正体不明の「見えざる力」に引っ張られたと考えるBさんの見方は、電車に固定した「非慣性系」でみた解釈。非慣性系だと現れるこの「見えざる力」が慣性力だ

ルのあいだには摩擦力がはたらく。電車のこれまでの動きを妨げるような力がはたらいたため、電車にはマイナスの加速度が生じ、減速した。

乗客は慣性をもっているので、これまでの電車とおなじ一定のスピードで進もうとしている。それなのに、電車は減速し、乗客とおなじスピードでは進まなくなった。乗客は慣性で前に進もうとしているのに、電車の床は、それについてこない。

このとき、もし電車の床と靴のあいだに摩擦がなければ、乗客はそのままのスピードで床を滑って進み続け、電車だけが減速する。滑っていった乗客は前方の壁に打ちつけられるだろう。

摩擦があれば、床に接している足は、電車が減速しているので後方に引っ張られる。ちょうど足を後方にすくわれたようになって、体だけが前に進もうとする。つんのめってしまうのだ。

おなじ現象を、視点を変えてみてみよう。こんどは、電車に固定された座標系で考える（図4－1のBさん）。

座標系は電車と一体になっているのだから、電車のスピードはゼロだ。もちろん乗客のスピードもゼロ。この座標系でみると、電車も乗客も静止している。動いているのに静止しているというのは妙な気がするかもしれないが、それが視点を変える、別の座標系でみるということだ。

さて、電車が急ブレーキをかける。ブレーキをかけると電車は減速するが、それは地面に固定した座標系でみた場合の話。電車に固定した座標系は、電車が減速するとともにそれ自身も一緒に減速していくので、この座標系でみるかぎり、なにも起きていない。それなのに、乗客が急に一つの方向につんのめってしまった。なにが起こったのだろうか。

止まっている電車で立っているだけだと思っている乗客は、こう考えるに違いない。つんのめってしまったのは、その方向に体が急に引っ張られたからだ。なにか見えざる力が体をその方向に引っ張った。だから、わたしたちは転んでしまった。

この見えざる力、見かけの力が「慣性力」だ。電車に固定した座標系でこの現象を説明するには、慣性力を想定するしかない。逆に、慣性力を想定すれば、電車に固定した速さの変わる座標系を使っても、物理法則は、地面に固定した座標系と同様に成立しているとみなせるわけだ。

■加速度をもった座標系

地面に固定した座標系と、減速する電車に固定した座標系。後者では、止まっている電車でただ立っているだけの乗客の体が、実体のある力がはたらいたわけではないのにつんのめってしまったのだから、ニュートンの運動の法則が成り立っていないのは明白だ。前者はニュートンの運動の法則が成立する「慣性系」だが、後者は、それが成立しない「非慣性系」だ。

両者はどういう関係にあるのか。

数式を使った説明はせずに結論だけを述べると、ひとつの慣性系からみて加速度をもっている座標系は非慣性系で、もっていなければ慣性系だ。

電車の例では、電車に固定した座標系は、電車がブレーキをかけて減速しているあいだ、すなわち加速度をもっているときは非慣性系になっている。一方、一定のスピードで直線のレールを走っているときは、地面に固定した慣性系からみて加速度をもっていないので、これもまた慣性系だ。

繰り返し述べておくが、非慣性系を使って現象をみる場合、それを慣性系でみているように扱うために加える見かけの力、実体のあるほんとうの力ではない力が慣性力だ。

■慣性力で地球の回転を忘れよう

わたしたちが大気の流れについて、回転する地球に固定した非慣性系を使い、それがあたかも慣性系であるかのような簡便な方法で考えていくために必要な慣性力は、遠心力とコリオリの力だ。

ここでは数式を使った説明はしないが、ふつう気象学の教科書では、つぎのようにして遠心力とコリオリの力を登場させる。

まず、ふたつの座標系の関係を数式で表す。ニュートンの運動方程式が成り立つふつうの慣性系と、地表に固定した「回転座標系」の関係式を求めるわけだ。そして、ニュートンの運動方程式に、慣性系の変数を代入する。こうすると、運動方程式の変数部分が回転座標系の変数で表されることになる。

この運動方程式を、「物体の質量×加速度（左辺）＝外部から加えられた力（右辺）」の形に整理する。すると、慣性系のときにはなかった新しい力が右辺に出てくる。そのひとつが遠心力であり、ひとつがコリオリの力だ。

いま、運動方程式は、回転座標系の変数で表されている。地表に立っている人は、ほんとうは地球の自転とともに動いているが、この座標系でみるかぎり静止している。この人が歩きだせば、その動きはこの座標系で追えばよい。この人の位置の変化に、地球の自転による動きを加える必要はない。その代わり、この人には遠心力とコリオリの力が加わると考える。

このように、遠心力やコリオリの力は、座標系の変換という数学的な処理にともなって現れる。ある現象をどういう基準から観測するかという視点の変換にともなって加わった、まさに「見かけの力」なのだ。本物の力ではない。これが慣性力だ。

■遠心力も慣性力

慣性力のひとつである遠心力についても、さきほどの電車の例とおなじようにイメージをもっておこう。

いまあなたは、時速50キロメートルでまっすぐ走る自動車に乗っている。道路に固定された慣性系からみると、自動車の速度は一定で、あなたも自動車とおなじ速度で動いている。

この自動車が、急に左にカーブしたとしよう。すると、あなたは、体が自動車の右のほう、つまりカーブの外側のほうに引っ張られたように感じるはずだ。「遠心力で外に投げだされるような感じ」だ。

この出来事を慣性系でみると、つぎのようになる。

自動車が曲がる直前まで、あなたの体は、時速50キロメートルで直進する慣性をもっていた。

自動車が曲がっても、それは変わらない。あなたの体は時速50キロメートルで直進し続けようとする。

ところが、自動車のほうが急に左にカーブした。話をわかりやすくするために、あなたは右側の座席に座っているとしよう。あなたの体は右側のドアに押しつけられる。逆にいうと、ドアはあなたの体を左に押している。そのため、慣性でまっすぐ進もうとしていたあなたの体は、左向きの加速度を得て進行方向をやや左に変える。結果として、あなたは自動車とともに進むことができる。

あなたの体は、ニュートンの運動方程式のとおり、力が加わった方向に加速度を得た。それだけの話で、ここに「遠心力」はでてこない。これまで説明してきたように、慣性系でみているかぎり遠心力は登場しないのだ。

こんどは、自動車に固定した座標系で考えよう。自動車は加速、減速するし左右に曲がる。慣性系からみると加速度をもつ座標系だから、これは非慣性系だ。

あなたは自動車に乗って自動車とともに動いているので、この非慣性系からみると静止している。もちろん、自動車も静止している。回転する地球とともに動くわたしたちが、地球が動いていると思わず、自分が地球とともに動いているとも思わないのとおなじである。

自動車が左にカーブした。あなたは静止したままなのに、なぜか体が右のほうに引っ張られて外側のドアに押しつけられ、ドアが強く体を押してくる。体が右に引っ張られるのだから、なんらかの力が右向きにはたらいているはずだ。

あなたに対してはたらいている力はふたつ。なぜか体を右に引っ張る力と、ドアがあなたの体を左に押す力だ。この両者がつりあって打ち消しあい、プラスマイナスゼロになっている。だから、あなたの体は自動車に対して静止したままでいられる。静止している物体に力がはたらかなければ静止したまま。あたかも慣性系で観察しているようだ。

このふたつの力のうち、実体のある本物の力はドアがあなたを押す力。「なぜか体を右に引っ張る力」は、さきほどの慣性系では存在しなかった仮想的な力だ。これが遠心力だ。遠心力という仮想的な力を考えたからこそ、ふたつの力が打ち消しあってゼロになった。このように、遠心力という慣性力を加えることで、本来は非慣性系である自動車に固定した座標系で観察しても、慣性系とおなじように考えることができる。

いまの場合、慣性系でみた場合との違いはただひとつ。遠心力という仮想的な力を本物の力とみなして考えたことだ。

慣性力を考えて本物の力にプラスすれば、物体の動きを、非慣性系でも慣性系とおなじように扱うことができる。これを忘れないようにして、もうひとつの慣性力であるコリオリの力に話を進めよう。

■円板の外の慣性系からみると……

わたしたちが大気の流れについて語るとき、「中緯度の上空をジェット気流が西から東に流れている」「冬になると北から冷たい季節風が吹く」というように、地表面に相対的な大気の動きを表すのがふつうだ。地球が動いていることを忘れてしまっている。宇宙空間に固定した慣性系を使って地球の自転を含めて考えるより、このほうが直観的に理解しやすい。

わたしたちは地表面で生活しているのだから、こうした自分を中心にした見方になじみやすいのは当然だろう。コリオリの力は、この見方で大気の動きを理解するために必須の道具だ。

地球は球状で、しかも自転している。コリオリの力を直観的に把握するには、この「球状」と「自転」を分けたほうが考えやすい。ここでは、まず「自転」、そして「球状」の順に考えていこう。

地球を北極の側から見下ろすと、反時計まわりに自転している。ここでは、地球は球ではなく平らな円板だと考えよう。反時計まわりに回転する円板だ。北半球を円板で代用していることになる。

まず、いちばん考えやすいこんな状況を想定してみよう。円板の中心にいる野球のピッチャーが、円板のふちに座ったキャッチャーにボールを投げるとする。このピッチャーは異様なまでに

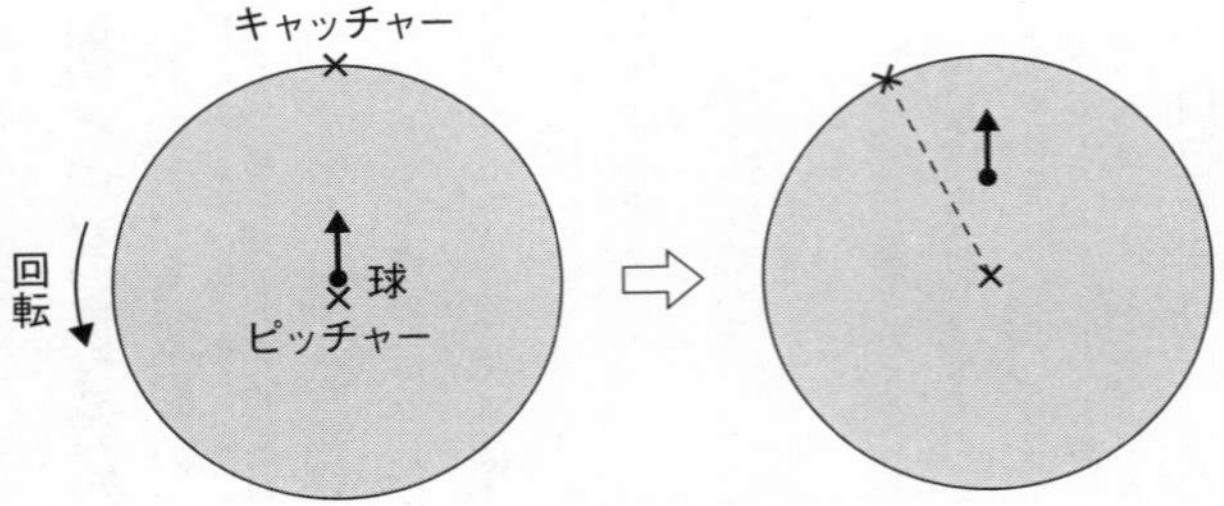

図4-2　円板の外から見ると……
回転する円板の中心にいるピッチャーと縁で構えるキャッチャーを、円板外の慣性系から見たところ。ピッチャーがキャッチャーの方向に投げた球は直進するが、縁に届くときには、すでにキャッチャーは左にずれてしまっている

コントロールがよく、かならずキャッチャーのミットに球を投げこむことができる。この円板は地球の代わりなので、ピッチャーもキャッチャーも、ふだんのわたしたちがそうであるように、自分たちが回転円板に乗っているとは思っていない。

キャッチャーは、ど真ん中のストライクを要求している。ピッチャーが振りかぶって、投げた。さあ、どうなる……。

残念ながら、球はキャッチャーミットに収まらない。なぜなら、球が円板の縁に届くころには、キャッチャーは円板の回転とともに動いてしまっているからだ。ピッチャーが投げたときにいた位置には、キャッチャーはもういない。この円板は、上から見ると反時計まわりに回転しているから、キャッチャーは、ピッチャーからみて左にずれてしまっている。球はもちろん慣性にしたがってまっすぐ飛んでいるのだが、キャ

ッチャーが左にずれたため捕球できないのだ（図４－２）。

これは、わたしたちが円板に乗っているのではなく、外から円板を見下ろしているからこそできる説明だ。ピッチャーの手から離れた球は、もう加わる力がないので、まっすぐ進んでいる。言い換えると、まっすぐ進んでいるように見える座標系から、つまり、慣性の法則が成立している座標系から、わたしたちはこの状況を観察している。すなわち、慣性系を基準にした説明になっている。だから、コリオリの力はでてこない。捕球できなかったのは、球に力がはたらいて曲がったからではなく、キャッチャーが左にずれたからだ。

■円板に乗ると現れるコリオリの力

おなじことを、こんどは回転する円板を基準にして考えてみよう。

まえに説明したx軸、y軸の座標系の言い方をすると、前節での説明は、円板の外のたとえば地面に座標系を固定し、その座標系から円板とピッチャー、キャッチャー、そして球の動きを見ていたことになる。だから、あなたは「ああ、かれらは回転する円板の上に乗っているんだな」と客観的に考えることができた。

こんどは、たとえばx軸とy軸が交わる原点を円板の中心に置いて、座標軸を円板に固定してしまう。座標軸は円板とともに回転するのだから、この座標系でみるかぎり、ピッチャーやキャ

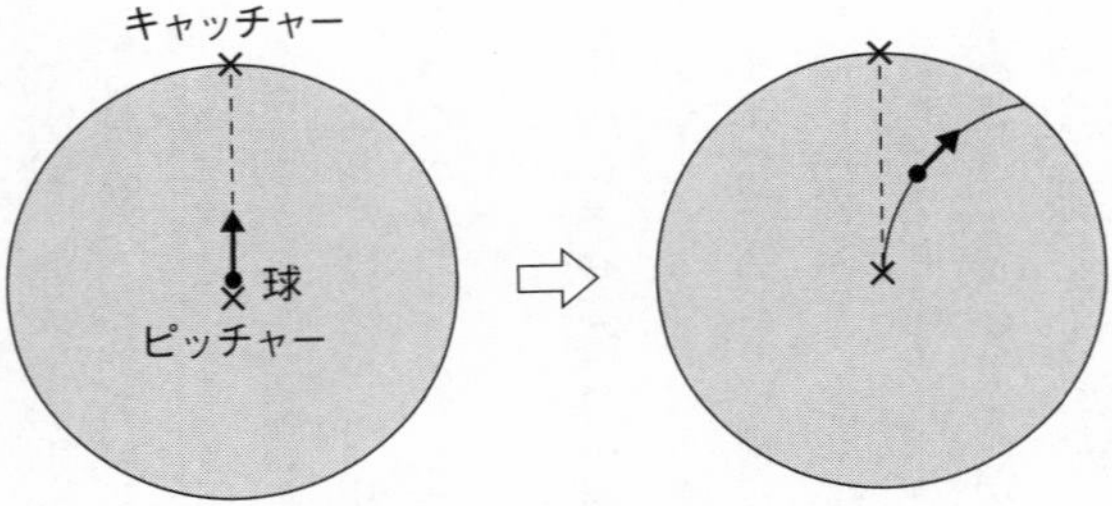

図4-3　円板の上で見ると……

図4-2とおなじ状況を、円板上に固定した非慣性系から見たところ。まっすぐ投げたはずの球が、キャッチャーの右にずれていってしまう

ッチャーの位置は動かない。そして、あなたもこの円板の上に乗ってしまおう。この座標系では、あなたも動いていないことになる。

大切なのは、ピッチャーもキャッチャーも、そしてあなたも、自分たちが円板とともに回転していることに気づいていないことだ。地球上のわたしたちが、自分が地球の自転とともに回転していると考えないのとおなじである（図4－3）。

自分もキャッチャーも動いていないと思っているこのピッチャーは、この外れ球をどう解釈するだろうか。

ニュートンの運動の法則によれば、なにも力がはたらかないのに、球の進行方向は変わらない。だが、右にずれてしまって外れ球になったのは事実だ。とすれば、ボールを右に曲げる力がはたらいたに違いない……。

これが「コリオリの力」だ。自分が回転する円板に乗っていると気づいていないピッチャーが、そのままでは成り立つはずのないニュートンの運動方程式を成立させるために付け加えた見かけの力。それがコリオリの力なのだ。

この「見かけの力」さえ考えておけば、円板とともに回転するこの非慣性系でも、慣性系とおなじように考えることができる。球にはコリオリの力がはたらいて右に曲がるのだから、ストライクを狙うピッチャーは、ストライクゾーンのやや左をめがけて球を投げなければいけない。

これまでの話では、球と空気の摩擦はゼロだと仮定してきたし、そもそも上下方向の動きは無視して水平方向に球が曲がることだけを考えてきた。実際の野球では、空気との摩擦を利用した変化球で球筋は大きく曲がる。コリオリの力による球筋のずれなど、まったく無視できる。話をわかりやすくするためにピッチャーとキャッチャーを例に説明してきたが、現実の野球では、もちろんコリオリの力など考える必要はない。

この円板のたとえ話では、ピッチャーが円板の中心に、キャッチャーが縁にいる特殊な状況を考えた。じつは、ピッチャーとキャッチャーがこの円板上のどこにいても、投げた球に対してコリオリの力はおなじようにはたらく。物体の進行方向の直角右向きに、しかも物体の進む速さに比例した大きさのコリオリの力がはたらく。その話はここでは省く。ブルーバックスの前著『謎解き・海洋と大気の物理』では、もうすこし詳しく説明してある。

■優勢な力をみつけるスケール解析

さきほど、ピッチャーが投げる球に対しては、ほんとうはコリオリの力がはたらいているが無視してよいとお話しした。一方で、高気圧や低気圧にともなう風の流れや大気の大循環を考えるなら、コリオリの力は必須だ。その違いはどこにあるのだろうか。

答えを先取りしておくと、それは注目している現象のスケールだ。野球の場合はせいぜい数十メートルから100メートルくらいの現象。ところが、高気圧や低気圧、大気の大循環は、数百キロメートルから数千キロメートル、あるいはそれ以上にもおよぶスケールをもっている。では、なぜスケールの小さい現象ではコリオリの力は無視できて、大きな現象では無視できなくなるのか。

地衡風は、気圧傾度力とコリオリの力がつりあって流れる風だ。気象予報士試験の対策本などにも、これはかならず書いてある。だが、なぜつりあうふたつの力が気圧傾度力とコリオリの力になるのか。遠心力は関係ないのか。街角のつむじ風が地衡風にならないのは、どうしてなのか。

その理由は、専門的な気象学の教科書では基本事項として説明されている。方程式の各項がもつ重要さを評価する「スケール解析」「スケーリング」などとよばれる考え方だ。ところが、一般向けの本では、なぜかあまりみかけない。

気象は小から大までさまざまなスケールの現象を含んでいる。そして、それぞれの現象は、その起こるしくみが違う。具体的にいえば、それぞれの現象で有効にはたらいている力の種類が、現象のスケールによって違う。だからこそ、現象のスケールを意識することは、気象学ではとても大切なのだ。

このスケールの違いが方程式のどこにどのように影響してくるのか。すこし理屈っぽくはなるが、遠心力とコリオリの力の説明を終えたところで、この話をいちどきちんとしておきたい。

■大切なのは「オーダー」

ニュートンの運動方程式の話は、すでにした。「物体の質量×加速度＝外部から加えられた力」という式だ。どんな力がどう加われば、その物体の動きがどのように変化するかを表しているのだった。

この「外部から加えられた力」には、いろいろな種類がある。気圧傾度力のような本物の力もあれば、遠心力やコリオリの力という見かけの力もある。これらの力がすべて合算され、それが「加速度」を生む。このとき、いま注目しているスケールの現象では、どの力が優勢なのだろうか。それを見積もるのがスケール解析だ。

ここで考えたいのは、大循環のようにスケールの大きな大気の流れの場合だ。話を簡単にする

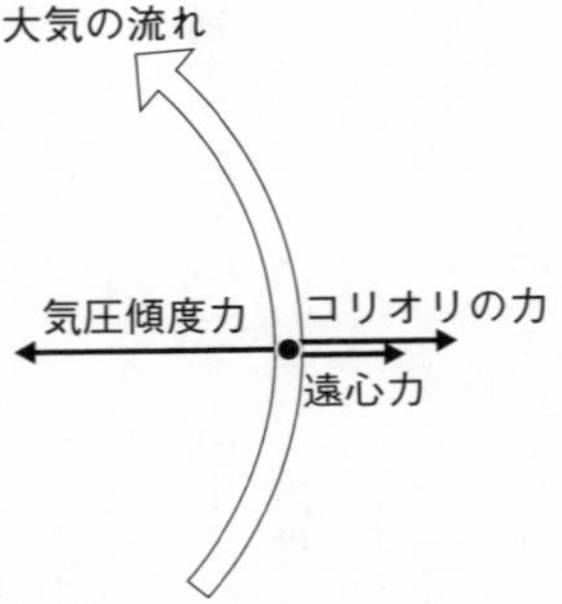

図4-4　ここで考える三つの力

北半球の低気圧周りの大気の流れをイメージすると、気圧傾度力とコリオリの力、遠心力の主要な三つの力はこうなる。コリオリの力と遠心力を合わせた力が気圧傾度力とバランスしている流れが「傾度風」だ

ために、この流れにはたらく力として「気圧傾度力」「コリオリの力」「遠心力」の三つだけを考える。地面と大気のあいだにはたらく摩擦力もあるにはあるが、これは、地面と接しているごく薄い大気層を除き、とても小さな力だ。本来なら、その大きさを見積もったうえで事後的に無視するという手順が必要だが、ここでは省略したい（図4－4）。

大きな高気圧にともなう風を例にして考えてみよう。地上の天気図からもわかるように、高気圧は、中心から数千キロメートルの距離で気圧が数十ヘクトパスカルほど変化する規模の現象だ。そこで、この現象の代表的な「距離」のスケールを1000キロメートル、「気圧の差」のスケールを10ヘクトパスカルとしておこう。ここを、秒速10メートルほどの「速さ」の風が吹いている。

「風といっても、もうすこし弱い場合もあるだろうし、秒速20メートルのときもあるだろう。それを『10メートル』で代表させてしまうのは不正確ではないか」そう考えたくなるのも無理はない。すこしでも答えの数値が違えばバツをつけられた、学校の理科教育の印象が残っているからだろう。だが、プロの科学者は、そうは考えない。

科学には、厳密な側面と、おおざっぱな側面が同居している。論理は厳密でなければならない。Aが起きてBが起きたとき、AがBの原因といえるのか。B以外の結果になることはないのか。あるいは、A以外の原因でBが起こることはないのか。そうした論理の詰めが甘い推論は、科学にならない。その一方で、このスケール解析のような見積もりには、おおざっぱな感覚が大切だ。

気象を始めとする自然現象のように複雑な対象を扱う場合、科学者は「オーダー」を大切にする。その風の速さがゼロに近いのか、秒速10メートルなのか１００メートルなのか。このように10倍ごとの区切りでおおざっぱに見積もっていく。その区切りをオーダーとよんでいる。

秒速10メートルでも20メートルでも、それはオーダーがおなじなんだから気にしない。だが、もし秒速１００メートルの現象だったら、オーダーが違うので別に分けて考えなければならない。こうして全体像をとらえ、必要に応じて細部に踏み込む。見通しをたてて科学を先に進めるためには、とても大切な考え方だ。

$$\text{気圧傾度力} \propto \frac{\text{気圧の差}}{\text{その気圧差をもたらす距離}}$$

図4-5　気圧傾度力と気圧差、距離の関係

ある2点をとって気圧を測定したとき、気圧傾度力は、その気圧差に比例し、2点の距離に反比例する

■まずは気圧傾度力

まず、気圧傾度力から考えていこう。

気圧傾度力については、第3章でお話しした。いまここに一定の空気の塊があると想定したとき、その塊を右側面から押す力と左側面から押す力の差が、左右方向にはたらく気圧傾度力になる。

その力の大きさは、「何キロメートルあたり何ヘクトパスカルの気圧変化か」という割合で表される。100キロメートルあたり20ヘクトパスカルの変化があれば、10ヘクトパスカルだった場合の2倍の力がはたらくことになる。

また、気圧変化がおなじ10ヘクトパスカルでも、間隔が50キロメートルの部分だったら、それが100キロメートルだったさきほどの場合に比べて、力の大きさは2倍になる。

つまり、気圧傾度力は、気圧の差が大きければ大きいほど、そして、その差をもたらす距離が短ければ短いほど強いことになる。比例・反比例という言葉を使えば、気圧傾度力は、いま考えている現象の気圧変化

の大きさに比例し、距離に反比例している（図4－5）。そしてここで必要なのは、いま考えている現象の代表的な距離のスケールに対して、気圧はどれくらい変化しているのかということだ。

さきほど例に挙げた一般的な高気圧のスケールを考えてみよう。代表的な距離である1000キロメートルに対して、気圧は10ヘクトパスカルくらい変化する。気圧傾度力の大きさを見積もるには、この気圧差がどれくらいの距離に対して生じるかを考えればよい。

その割合は、「10ヘクトパスカル÷1000キロメートル」。単位を換算したり、空気の密度もじつは考えなければならないが、ここではその過程を省略して、この値が結果として「1000分の1」になることだけ覚えておいてほしい。

■コリオリの力は大きく、遠心力は小さい

つぎはコリオリの力だ。

コリオリの力は、北半球では物体の進行方向の直角右向きに、しかも物体の進む速さに比例した大きさではたらく。

数式を使った説明を避けると、どうしても話が天下り的になってしまうが、コリオリの力は、物体が動く速さに「コリオリ定数」とよばれる数値をかけ算した大きさになる。コリオリの力

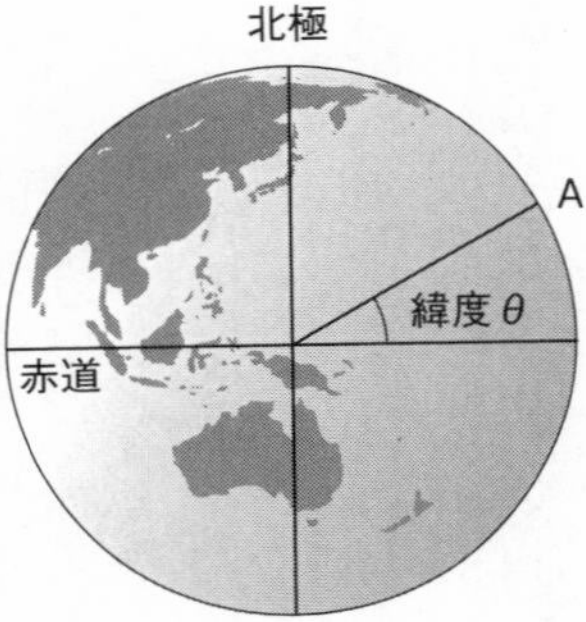

A点の物体にはたらくコリオリの力 ∝ 物体の動く速さ×$\sin\theta$

図4-6　地球上でのコリオリの力

地球上で動く物体にはたらくコリオリの力は、動く速さがおなじでも、その大きさが緯度によって違う。緯度θが大きいほどコリオリ定数に含まれる$\sin\theta$は大きいので、コリオリの力は大きくなる

は、物体の動く速さがおなじでも、赤道ではゼロで、極で最大になる（図4-6）。コリオリ定数はその効果を表すための数値で、赤道ではゼロ、北極と南極で最大の数値をとる。

代表的な風の速さとして秒速10メートルを考えると、中緯度でのコリオリの力の大きさは、この風速にコリオリ定数をかけ算して「1000分の1」という値をもつ。ここでもまた、計算の過程は省略した。

注目してほしいのは、高気圧くらいのスケールの大気の流れについては、気圧傾度力とコリオリの力がおなじくらいの大きさになるという点だ。

最後に遠心力を考えよう。

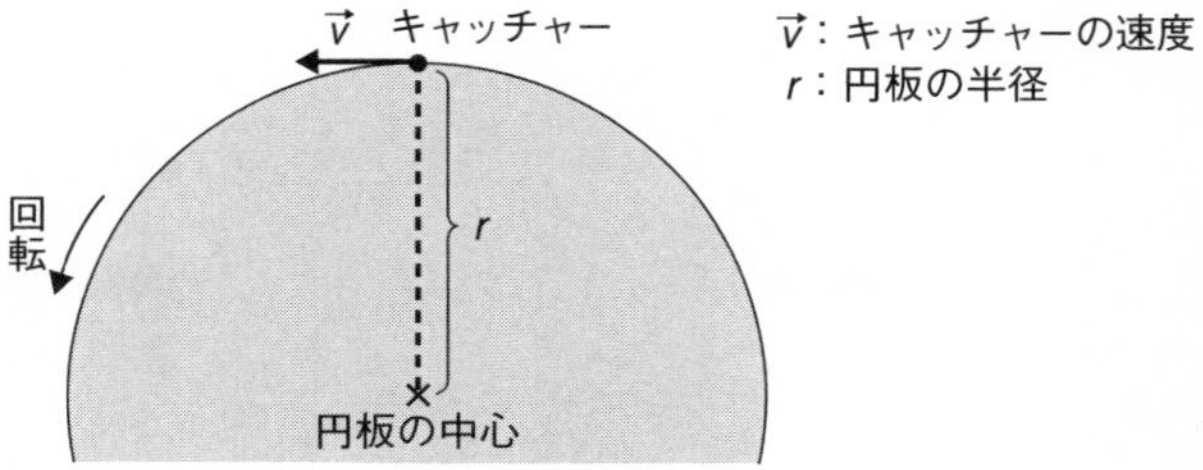

$$\text{キャッチャーにはたらく遠心力} \propto \frac{|\vec{v}|^2}{r}$$

（$|\vec{v}|$はキャッチャーが動く速さ）

図4-7　キャッチャーにはたらく遠心力

キャッチャーは、回転円板の縁にいるが、自分は回転していると思っていない。この回転座標系でみたキャッチャーには遠心力がはたらいているとみなすことができ、その大きさは、キャッチャーが動く速さの２乗に比例し、円板の半径に反比例する

さきほどお話しした回転する円板を思い出そう。円板の縁にいるキャッチャーには、遠心力がはたらいている。ここでもまた数式を使った説明は省いて、結論だけを述べよう。キャッチャーにはたらく遠心力は、キャッチャーが動く速さの２乗に比例し、円板の中心からの距離に反比例する。キャッチャーの動く速さが２倍になれば遠心力は４倍になり、円板の半径が２倍になれば遠心力は半分になる（図４－７）。

気圧傾度力、コリオリの力とおなじように、高気圧スケールの代表的な数値で遠心力の大きさを見積もってみよう。速さとして秒速10メートル、距離として１０００キロメートルを考えると、遠心力の大きさは、「10メートル×10メートル÷1000キロメートル」を基に計算して「1万分の1」のオーダーになる。

■大規模な風の流れが地衡風になるワケ

いま考えている大気の流れは、気圧傾度力とコリオリの力、遠心力がつくりだしている。高気圧にともなう風のような大規模な大気の流れの場合、そのどれが優勢なのかという見積もりを進めてきた。その結果、それぞれの力の大きさのオーダーとして、気圧傾度力は「1000分の1」、コリオリの力も「1000分の1」、遠心力は「1万分の1」という数値が得られた。

これらを比べてみると、気圧傾度力とコリオリの力はおなじオーダーで、遠心力は、それらの10分の1だ。つまり、現実に見られる大規模な風の流れでは、優勢な力は気圧傾度力とコリオリの力のふたつ。これらは、おなじオーダーで張りあっている。遠心力はそれらの10分の1の大きさ。オーダーの見方からすれば、取るに足らない力ということになる。

まとめておこう。「距離」が1000キロメートル、「気圧の差」が10ヘクトパスカル、「速さ」が毎秒10メートルで代表される大規模な大気の流れを生む力として考えるべきなのは、気圧傾度力とコリオリの力のふたつだ。

これまでの説明では、この大気の流れは姿を変えることなく安定して流れていることを暗黙の前提にしてきた。時間とともにその姿が変わらないこのような流れを「定常的な流れ」「定常流」という。流れのそれぞれの部分で、その速さと向きが一定ということだ。

この定常流を運動方程式でみると、気圧傾度力とコリオリの力は、どのような関係にあるのだろうか。


速さと向きが一定、すなわち速度が変わらないならば、加速度はゼロだ。ニュートンの運動方程式は「物体の質量×加速度＝外部から加えられた力」なので、加速度をゼロとすると、「0＝外部から加えられた力」となる。いまの場合は「0＝気圧傾度力＋コリオリの力」だ。

ふたつの力を足してゼロになることはありえないと思ってはいけない。気圧傾度力もコリオリの力も「向き」をもった量なので、大きさがおなじで向きが逆ならば、足すとゼロになる。

結局、現実の大気で実現しているこのスケールの定常的な流れは、気圧傾度力とコリオリの力がプラスマイナスゼロでつりあって生じていることになる。これが「地衡風」だ。

■台風だったら……

では、このように大きな高気圧や大循環ではなくて、もうすこしスケールの小さな台風のような現象だったら、どんな力が優勢になるだろうか。

さきほどは、１０００キロメートルくらいの距離に対して10ヘクトパスカルの気圧差を考えた。台風なら、10ヘクトパスカルの気圧変化は１００キロメートルくらいの距離で起きてしまう。

すると、それぞれの力のオーダーは、気圧傾度力が「100分の1」、コリオリの力が「100分の1」、遠心力も「1000分の1」になる。こんどは、コリオリの力に比べて遠心力も無視できない大きさになってきた。

いま、風の速さは、さきほどと変わらず毎秒10メートルのままにしておいたが、台風だと、現実にはもうすこし風速は大きくなる。風速が大きくなると強くなる力は、コリオリの力と遠心力だ。台風の場合は、いちばん大きな力が気圧傾度力。これにコリオリの力と遠心力が対抗してつりあいを生むことで風が吹くことになる。第3章でお話しした傾度風だ。

ここまでスケール解析の話をしてきた。まとめておこう。

ニュートンの運動方程式は、力が加速度を生むことを表している。しかし、どんな現象にもあらゆる力が有効にはたらくわけではない。現象の空間的なスケールや動きの速さなどによって、優勢な力が違ってくる。力の大きさを見積もり、取るに足らない力は無視する。そうして、いま注目している現象に関係が深い力だけを残す。これにより、その現象の本質があきらかになる。それがスケール解析という技法だ。

■偏西風は上空ほど強くなる

地衡風に関連して理詰めな説明が続いたので、ここで気分を変えて、現象の話をしておこう。高速で西から東に流れるジェット気流は、なぜ地表近くの低い高度ではなく、上空10キロメートルもの高い位置にできるのかという話だ。

コリオリの力の強さは、物体が動く速さがおなじでも、緯度によって変化する。赤道ではゼロ。緯度が高くなるにしたがって大きくなる。これは、さきほどお話しした。

大気の流れには、このコリオリの力の大きさの変化が本質的である流れと、コリオリの力の変化を考えずに説明できる流れとがある。ここでお話しするジェット気流の説明には、コリオリの力の変化は関係しない。コリオリの力の緯度による変化が生みだす現象は、第５章でまとめて扱おう。

さて、いま注目している対流圏の中緯度上空では、いつも西から東に向かう大規模な風が吹いている。北半球でも南半球でも吹いている。これが偏西風だ。そのうち、とくに流れの強い部分をジェット気流という。

中緯度のジェット気流といっても、年間を通じて安定して吹いている亜熱帯ジェット気流と、季節による変動が大きい寒帯前線ジェット気流がある。その性質には異なる部分もあるが、高度十数キロメートルまでの対流圏の上層部を吹いているという基本的な姿はおなじだ。ここでは、この基本的な姿、すなわち「中緯度の上空を西から東に流れる大規模な偏西風は、なぜ高度が増すほど強くなるのか」という問いに答えることにしよう。

■上空ほど南北の気圧差が大きくなる

この問いに答えるために必要な事柄はふたつある。まず、ある場所の気圧とは、その位置より上にある空気の重さだということ。これは第2章の「静水圧平衡」や、第3章の気圧の説明でお話しした。もうひとつは、偏西風のような大規模な流れは「地衡風」だということだ。

話を直観的にわかりやすくするために、日本がある北半球を例に説明していこう。北半球では、赤道に近い南のほうが、北に比べて気温が高い。南であろうと北であろうと、地表から上空にいくにしたがって気圧は低くなるのだが、その気圧が低下していく割合は、南と北とでどう違うだろうか。

空気は暖めると膨張する。つまり密度が下がる。おなじ体積なら、その空気は軽くなる。おなじ重さの空気にしようと思えば、体積を増やさなければならない。

話を簡単にするために、地表の気圧はどこも1000ヘクトパスカルだとしよう。このとき、気圧が800ヘクトパスカルになる高度は、南のほうが北より高い。なぜか？

地表の1000ヘクトパスカルは、上空の800ヘクトパスカルに、その高度から地表までのあいだにある200ヘクトパスカルぶんの空気の重さが加わったものだ。この事情は、北であろ

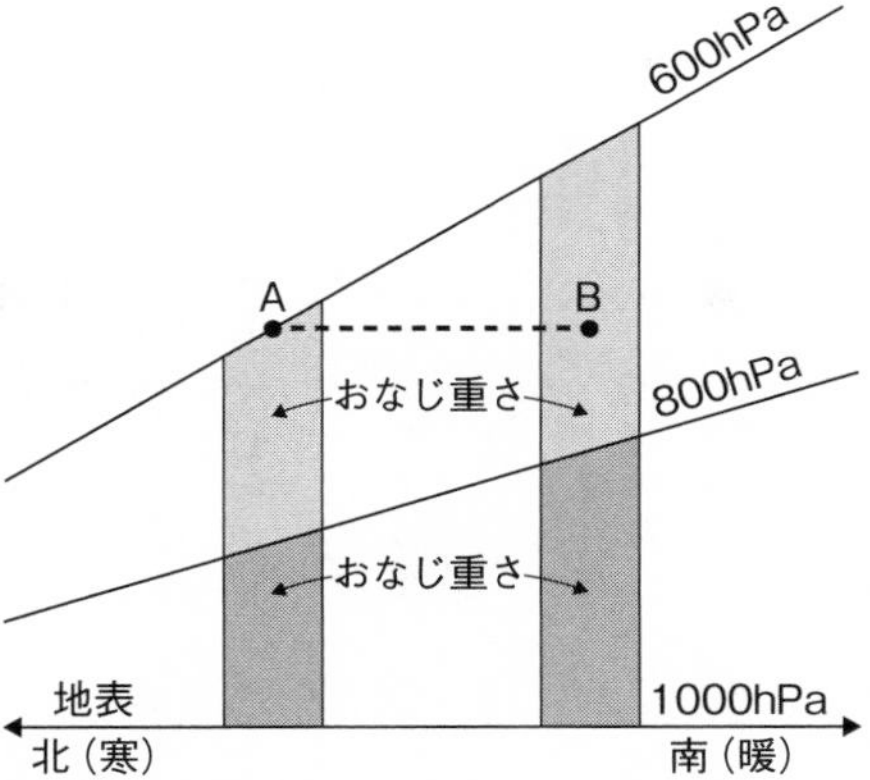

図4-8　800hPaの高度は南のほうが高い

北半球の上空を西から東に向かって横から見た図。地表（1000hPa）と800hPaのあいだ、800hPaと600hPaのあいだには、いずれも200hPaに相当する重さの空気がある。南の暖かいところでは空気が膨張して軽くなっているので、200hPaぶんの重さになるには、北の寒いところよりたくさんの空気が必要。したがって、上空で800hPaとなる両地点の高度は、南のほうが高い。600hPaとなる2地点の高度差は、800hPaよりさらに大きくなる。また、おなじ高度で比較すると、北（Aは600hPa）より南（Bは600hPa以上）の気圧が高い

うと南であろうと違わない（図4－8）。

違うのは、この200ヘクトパスカルぶんの重さの空気の体積だ。さきほど述べたように、おなじ重さの空気なら、暖かい空気のほうが冷たい空気より体積が大きい。暖かい南のほうが、北より余計に体積が必要なのだ。したがって、南のほうが、800ヘクトパスカルより下の部分が大きい。つまり、800ヘクトパスカルの高度は、南のほうが高い。

この考え方は、800ヘクトパスカルを基準として、たとえばそれより200ヘクトパスカル低い600ヘクトパスカルの高度を考えるときもおなじだ。800ヘクトパスカルと600ヘクトパスカルのあいだにある空気の体積は、南のほうが北より多い。だから、北に比べて南では、600ヘクトパスカルの位置はもっと高くなる。

これの繰り返しで、「おなじ気圧」を示す高度は南のほうが北より高く、しかも、この南と北の高度差は、上空に行けば行くほど大きくなる。

では、「おなじ高度」で比べた場合の南北の気圧差はどうなっているか? 地表ではどこも1000ヘクトパスカルと仮定したので、気圧差はゼロ。南の暖かい地域では、空気が軽いので、自らの重みでこの1000ヘクトパスカルを実現するには、たくさんの空気が必要だ。すなわち、地表から高度を上げていっても、気圧は1000ヘクトパスカルからなかなか下がらない。

北の地域で、すでに800ヘクトパスカルになっている高度を考えてみよう。このとき、そのすぐ南では、高度を上げてもなかなか気圧が下がってこないので、まだ800ヘクトパスカルに達していない。まだ820ヘクトパスカルにしかなっていないとすると、その高度では、南のほうが北より20ヘクトパスカルだけ気圧が高いことになる。

さらに高度を上げて、北の地域で600ヘクトパスカルになったとしよう。南では、やはりなかなか気圧が下がらず、800ヘクトパスカルの高度では20ヘクトパスカルだった気圧差が、それ以上に拡大している。

さきほど「おなじ気圧」になる高度は、上空に行けば行くほど南のほうが北より高くなると説明した。これを「おなじ高度」でみると、上空に行けば行くほど、南北の気圧差が大きくなるということだ。もちろん、南のほうが北より気圧が高い。

■大きな気圧差とつりあう風は……

さて、ここを流れる風は地衡風だ。気圧傾度力とコリオリの力がつりあっている。気圧傾度力は、いまみた気圧の南北差。力は南から北にはたらいている。ここに存在しうる大規模な大気の動きは、そこにはたらく力がプラスマイナスゼロになり、姿を変えることなく流れつづける風だ。

気圧傾度力は南から北の向きにはたらいているから、それとつりあうべきコリオリの力は北から南の向き。いま北半球を考えているので、風の向きは西から東だ。

そして、気圧傾度力のもとになる南北の気圧差は、高度が高いほど大きくなる。したがって、それとつりあっているコリオリの力も大きいはずだ。大きなコリオリの力を生みだすためには、風のスピードが速くなければならない。そうでなければ、この地衡風は存在できない。猛スピードで風が吹くジェット気流の高度が高い理由は、これである。

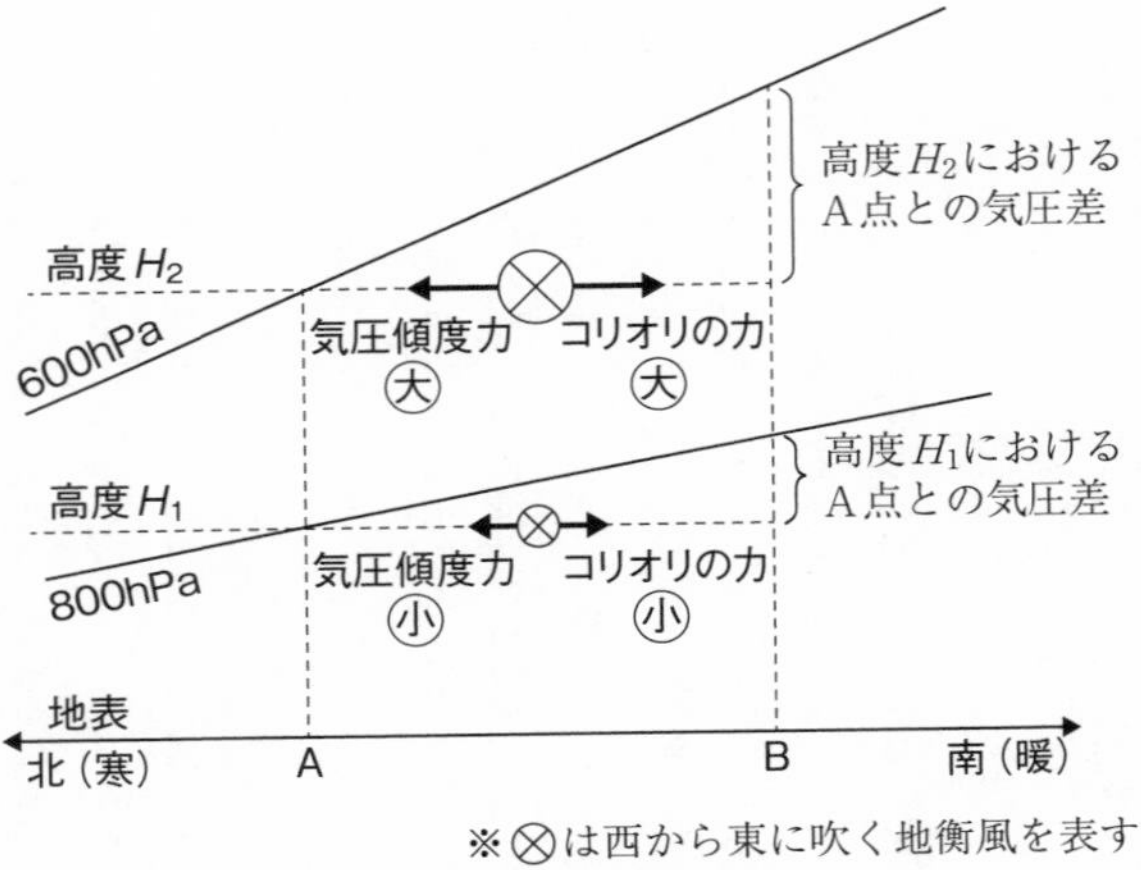

図4-9 「温度風」の関係

図4-8と同様に北半球の上空を西から東に向かって横から見た図。A点とB点との気圧差は、高度が高いほど大きい。すなわち、気圧傾度力は高高度ほど大きい。そこに地衡風が吹いているとすれば、気圧傾度力とバランスするコリオリの力は、高高度ほど大きくなければならない。つまり、高高度ほど地衡風の流れは速い

ここで、地衡風とともによく登場する「温度風」「鉛直シアー」という言葉について説明しておこう。

地衡風である偏西風が上空ほど強くなる理由は、そもそも、大気の温度が赤道に近いほど高いからだった。このように、隣接する大気の温度に差があることが原因となり、そこを吹く地衡風が高度とともに変化していることを、「温度風」の関係という（図4－9）。

「温度風」は、こうした地衡風の高度変化を指す言葉で、「温度風という風」があるわけでは

ない。その点で、実体がある「地衡風」とは意味合いが違う。北半球では、高温の部分を右に見るようにして、地衡風は高さとともに強まる。この温度と地衡風の「関係」を示す言葉が温度風だ。

つぎは「鉛直シアー」だ。偏西風は上空ほど速く吹き、それがジェット気流だというお話をした。このように、高度によって風速や風の向きに違いがあるとき、その差を鉛直シアーという。「シアー」は「ずれ」を意味する。

鉛直シアーは、高度による風の速度の違いを指す言葉で、その風が地衡風かどうかといった風の性質は関係ない。

この第4章ではコリオリの力について説明し、スケール解析に触れながら地衡風の話をしてきた。大気の大循環の基本については、かなりのところまで進んできたが、まだきちんと説明していない大切な事柄がある。現象でいえば、たとえば偏西風の蛇行。蛇行のパターンが固定化してしまうと、熱波や寒波といった厳しい気象が持続する。大気の物理でいえば、コリオリの力が緯度によって変化する話だ。続く第5章で、それに取り組もう。

第5章

偏西風が多彩な天気をつくる ——ロスビー波

2014年2月15日の東京。大雪の原因は「ブロッキング高気圧」が原因だった可能性もある

■偏西風の妙味は「蛇行」

第5章の舞台は中緯度の大気だ。そこには、北半球でも南半球でも、地球をぐるりと西から東へ一周する偏西風が吹いている。

偏西風については、第4章でかなり詳しくお話しした。偏西風は、気圧傾度力とコリオリの力がつりあって流れる地衡風だ。偏西風がとくに強い部分をジェット気流とよび、それが、高度の低いところではなく上空10キロメートルくらいの対流圏上部にできる理由も説明した。

地衡風の説明には、コリオリの力が欠かせない。第4章の偏西風の説明でも頻出した。この第5章でもコリオリの力が主役だが、第4章とは大きく異なる点がある。それは、コリオリの力が緯度によって変化することだ。おなじスピードで動く物体であっても、それに対してはたらくコリオリの力は北極と南極で最大になり、赤道上ではゼロになる。これについては、すでにところどころで簡単に触れた。

コリオリの力がもつこの性質が、中緯度の偏西風にみられる重要な現象を支えている。それは、ジェット気流を中心とする偏西風の「蛇行」だ。

わたしたちが住む北半球だと、偏西風の北側には冷たい空気が、南側には暖かい空気がある。したがって、冬に偏西風が蛇行して日本列島の近くに南下してくると、冷たい空気が迫ってきて寒くなる。上空の寒気をよびこむわけだ。もしこの蛇行が1週間、2週間と長く停滞すれば、異常とも思える極寒が日本列島で続くことになる場合もある。

このように、偏西風の蛇行は、日本の天候にも直結している。偏西風の妙味は蛇行にある。これから、その話をしていきたい。

■蛇行がはっきり見えるのは上空の流れ

まず、偏西風の蛇行とはどういうものなのかを、実際の天気図で見てみよう。

図5－1は2022年1月25日午後9時の高層天気図だ。500ヘクトパスカルの気圧になっている高度が線で示されている。北極のはるか上空から地球を見おろした北半球の図で、等高度線が60メートルおきに描かれている。おおよそ高度5500メートル、つまり対流圏のまんなかくらいの高度を吹く風を示している。

高層天気図の読み方については第3章で説明した。地球規模の大きな流れは地衡風であり、高層天気図では「地衡風は等高度線に沿って吹く」と考えればよい。数値の大きい等高度線が右側にくる向きに風は流れる。

この高層天気図からあきらかなように、北半球の中緯度には、西から東の向きにぐるりと一周する風が吹いている。これが偏西風だ。そして、この偏西風はまっすぐ流れているのではなく、蛇行している。日本列島のあたりでは北に凸になっており、その東ではやや南に下がって、東経

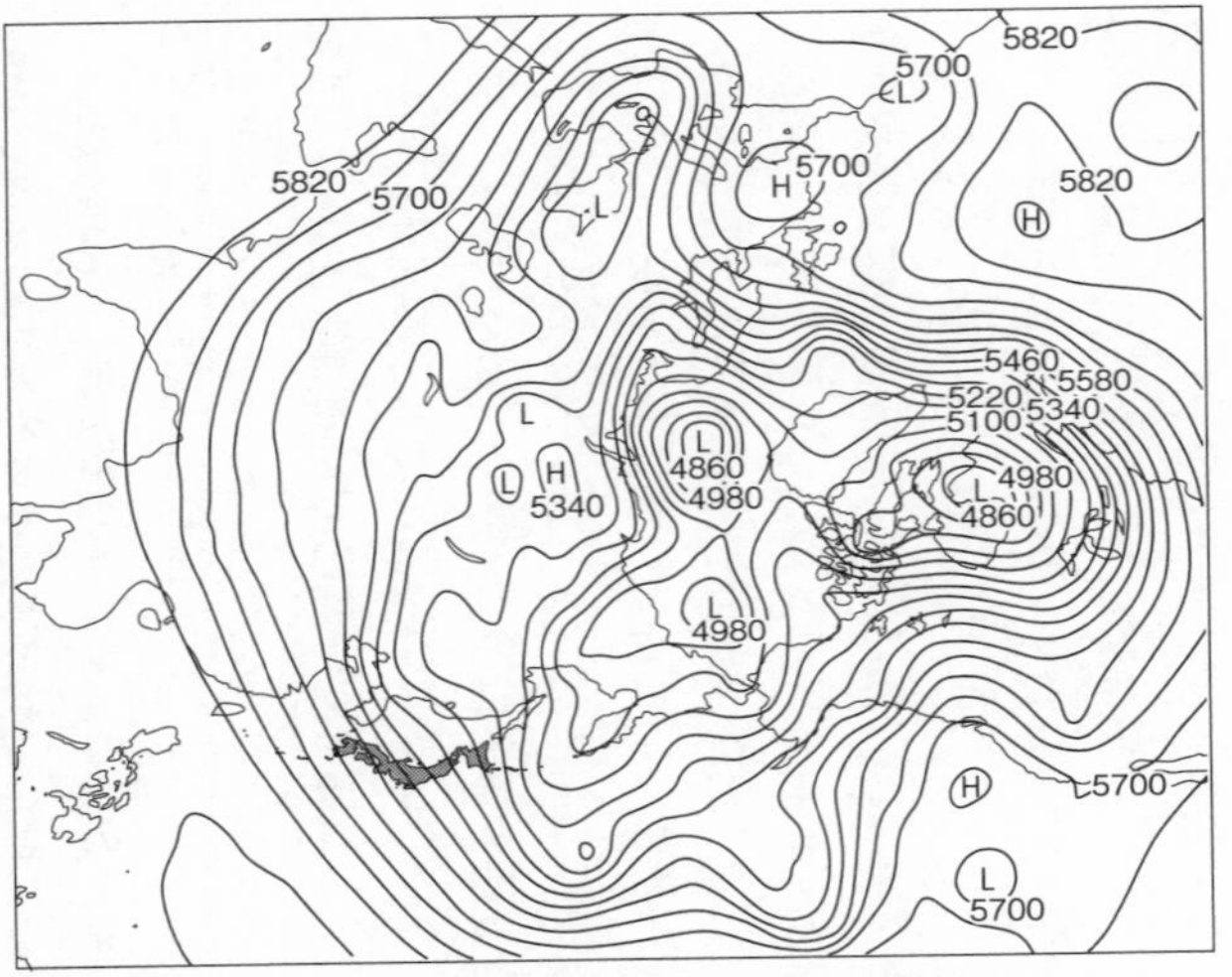

図5-1　高度約5500メートルの高層天気図

500ヘクトパスカルの等高度線（2022年1月25日午後9時）。地衡風は等高度線に沿って流れ、その道筋は大きく蛇行していることがわかる。数字は高度（メートル）で、Hは高圧部、Lは低圧部を表す（気象庁の資料をもとに作成）

１８０度のあたりでふたたび北に凸になっている。アメリカやヨーロッパでも、大きく蛇行している。

よく見ると、太平洋上の蛇行はかなり頻繁に南北に振れているが、ユーラシア大陸上の波打ちはゆったりしている。ひとくちに偏西風の蛇行といっても、そこにはさまざまな形態がまじっている。

このとき、地上の気圧配置は、かなり様子が違っている。図５－２は、おなじ時刻の日本周辺の地上天気図だ。高層天気図だと、日本の位置では西から

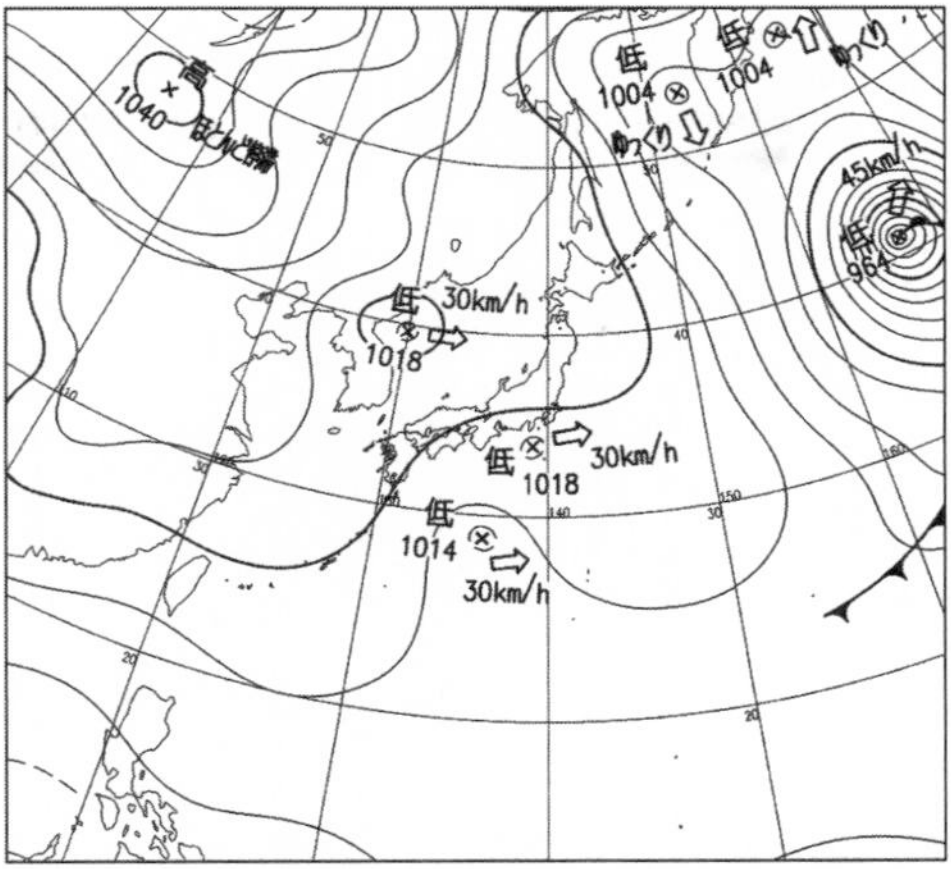

図５-２　日本付近の地上天気図

図５-１と同時刻の日本付近の地上天気図（気象庁の資料より）

東に向かうほぼ一様な風が吹いていた。ところが、地上天気図に描かれた等圧線は、東西に延びてはいない。地上の風は、高層天気図が示す対流圏中層の風のように、西から東に吹いているわけではない。

　だからといって、地上と上空が無関係なのかというと、それは違う。たとえば、地上天気図で日本のはるか東の海上にある発達した低気圧。高層天気図でも、ほぼおなじ位置で偏西風が南に蛇行していて、その北側には低気圧が見えている。

　これからお話ししていくが、地上と高層の出来事は、無関係どころか密接に関係している。地上で暮らすわたしたちが異常と感じるほどの猛暑や大雪などが、偏西風の蛇行によってもたらされることもある。一体となった現象の見え方が、高層と地上とで違うだけということもある。

偏西風の蛇行について説明を始めるまえに、言葉の整理をしておきたい。「偏西風」は、西から東に向かって吹いている風という意味だ。対流圏では、極域の低高度や低緯度地域を除いて、南半球でも北半球でも、いつもこの風が吹いている。地球の対流圏は、基本的に西風の世界なのだ。

中緯度帯では、西から東に向かう流れがとくにはっきりしている。この本でいう偏西風は、この流れのことだ。高度1万メートル前後の高い位置で、偏西風はとくに強くなる。これをジェット気流とよぶことは、すでに説明した。

偏西風のうち、ある程度の期間にわたってほぼ一定の流れが持続していて、それが蛇行かどうか判別しやすい明瞭な形をとるのは、このジェット気流の部分だ。だから、蛇行の話をするときは、高度5500メートルくらいにあたる500ヘクトパスカルや、高度9000メートルくらいにあたる300ヘクトパスカルの高層天気図を使う。地表に近い低い高度でも、西か東かといえば西寄りの風が吹くことが多いが、高層ほどはっきりしていない。

偏西風という言葉は、さまざまな使い方をされている。

テレビの天気解説などで「上空の偏西風が蛇行している」という言い方をよく耳にする。これは中緯度の高い位置にみられるジェット気流を指している。

春や秋におなじみの移動性の高気圧や低気圧。これらが「偏西風に流されて東に進む」という言い方も、よく聞く。これからお話しするが、これらの高低気圧は、蛇行のパターンと一体のものだ。とすれば、高低気圧と一体である偏西風の蛇行が偏西風に流されていることになる。これでは自分が自分を流していることになってしまい、わかりにくい。

この言い方をするときの「偏西風」は、蛇行している偏西風ではない。高低気圧と一体である蛇行のパターンを取り去った、西から東へのまっすぐな流れのことだ。これは基本流、一様流、一般流などとよばれている。偏西風帯の背景に流れている仮想的な流れといってもよい。それが、蛇行パターンを生みだす上空の特殊な波を東に流すと考える。つまり、地上でみる高気圧や低気圧は、上空にあるこの特殊な波と一体になって、基本流としての「偏西風」に流されることになる。この特殊な波が、本章の主役であるロスビー波だ。

また、あとで説明する「ブロッキング」によってジェット気流の道筋が変わり、それが低気圧の進路に影響することもある。

偏西風という言葉がでてきたら、それが蛇行しているジェット気流を指しているのか、あるいは基本流を指しているのかを意識すると、話がわかりやすくなる。

■蛇行の正体は大きな渦の列

まず押さえておきたいのは、大気の流れが蛇行しているとき、そこではなにが起きているのかという点だ。蛇行していない流れとは、なにが違うのか。蛇行していない流れになにを加えれば蛇行になるのだろうか。

いま、西から東へ大気が蛇行しながら流れているとする。ある場所では北に蛇行し、そのさきでは南に蛇行するという具合に、流れは北へ南へと振れている。もっと正確にいえば、北上する部分では北東の向きに流れ、南下する部分では南東の向きに流れている。この流れを東西方向に平均してみよう。東西方向にならしてみるわけだ。

すると、北上する流れの「北」の部分と南下する流れの「南」の部分が打ち消しあって、残るのは東向きの成分だけになる。感覚的にもあきらかだと思うが、東西にならしたこの流れの平均像は、まっすぐ西から東へ向かう単純な流れだ。これになにかが加わって、蛇行のパターンが生まれている。

それを確かめるために、元の蛇行パターンから、東西にまっすぐ流れるこの平均像を引き算してみる。すると、残るのは、蛇行の振れとおなじサイズの渦の列だ。時計まわり、反時計まわりの渦が、交互に、東西に横一列に並んでいる。

逆にいうと、西から東にまっすぐ進む一様な流れにこの渦の列を加えれば、蛇行した流れにな

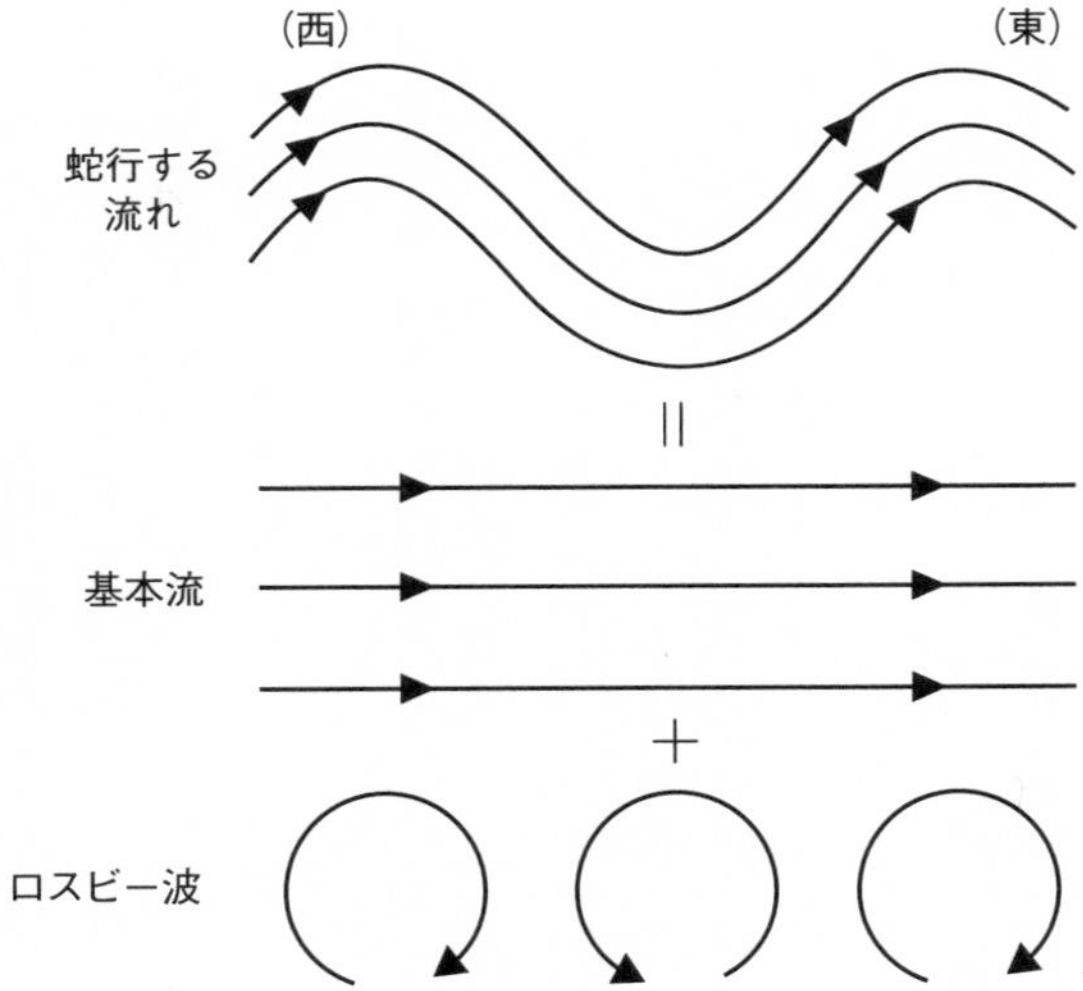

図５-３　ロスビー波

西から東に一様に進む「基本流」に、東西に渦が並ぶ「ロスビー波」が重なると、蛇行する流れになる

るということだ（図５－３）。

この渦の列を「ロスビー波」という。偏西風の蛇行は、西から東にまっすぐ進む一様な大気の流れにロスビー波が重なってできたパターンだと考えることができる。このロスビー波が第５章の主役だ。

ロスビー波は、不思議な波だ。地球の大気や海で生ずる現象に主役級で登場するが、地球が自転しているだけでは生じない。自転していて、かつ球形であって、初めて発生する。さきほど、コリオリの力の大きさが緯度によって違うことがポイントだと述べたのは、それを指している。そして、ロスビー波は西にしか進まない。わたしたちが思い浮かべる水面の波のようなふつうの「波」とは、かなり違うのだ。

ロスビー波は、大気の大循環について理解を深めようとすれば、避けて通ることのできない最重要事項といってよいだろう。細かい厳密な話をしたければ波の方程式を解くしかないのだが、それは他書に譲ることにして、ここではロスビー波の物理的な本質をつかむことを目指そう。

■「波」とはパターンの移動のこと

まず、「波」とはなにかを考えておこう。

「波」あるいは「波動」というのは、なんらかのパターンが移動して伝わっていく現象のことだ。水面の波をイメージしてみよう。池に小石を放りこむと、水の輪が広がっていく。海岸に押し寄せる海の波も、これとおなじ種類の波だ。なんらかの原因で水面が盛りあがったりくぼんだりすると、その凹凸のパターンが伝わっていく。

波で伝わっていくのは、そのパターンであって、物質そのものが伝わるのではない。水面の波でいえば、凹凸のパターンとともに水そのものが運ばれていくわけではない。水はその場で動くだけで、移動はしない。水面に落ちている枯れ葉は波面とともに移動するのではなく、その場で上下するだけ。波が過ぎてしまえば、元の位置にまだじっとしている。

波が発生して伝わるには「復元力」が必要だ。水面の一部が盛りあがれば、その部分だけ余計に重くなるので、重力がその盛りあがりを下に引っ張る。この水の盛りあがりを波のない本来の状態に引き戻そうとする重力が、水の波の復元力になっている。「復元力」とは、元の状態に復元しようとする力という意味だ。

こうして重力で引っ張り下ろされた水はその隣の部分に広がり、新たな盛りあがりを生む。その盛りあがりが、おなじように隣に新たな盛りあがりを生み、それが繰り返されて波は先へ先へと伝わっていく。水面の波については、ブルーバックスの前著『謎解き・津波と波浪の物理』で詳しく説明しておいた。

もうひとつ身近な波といえば、空気中を伝わる音波だろう。この波の復元力は、押し縮められたら元の体積に戻ろうとする空気の性質だ。たとえば、あなたが「アー」と声をだす。すると口元で空気が押し縮められる。空気は元の体積に戻ろうとし、そのとき、隣の空気を押して縮めてしまう。この空気も元の体積に戻ろうとして、さらに先の隣の空気を押す。もし声の高さがドレミファソラシドのラの音だったら、これが1秒間に440回、繰り返される。こうして音は空気中を伝わっていく。

電波や光も波だ。水面の波には「水面」という、空気中の音波には「空気」という波を伝える媒体が必要だが、電波や光には必要ない。これらがまとめて「電磁波」とよばれていることからもわかるように、電気的な振動と磁気的な振動が組み合わさって、真空中でも伝わっていく。

波には、伝わっていく媒体や復元力の違いにより、さまざまな種類がある。

■地球上で流体が南北に移動すると……

ロスビー波に話を進めよう。

ロスビー波は、スウェーデンに生まれアメリカで研究生活を送った気象学者のカール＝グスタフ＝ロスビーが、大気の流れの蛇行を説明する理論として1939年の論文で提唱した。

ロスビー波は大気中にもあるし、海にもある。ロスビー波の媒体は、空気や水といった地球の流体。流れる物質だ。

では、その復元力はなんだろうか。

さきに結論を述べておこう。ロスビー波では、地球の自転が流れにもたらす影響の強さが緯度によって違うこと、言い換えると、コリオリの力のはたらく強さが緯度によって違うことが、復元力としてはたらく。

その説明のためには準備が必要だ。空気にしろ水にしろ、地球上で流体が南北方向に移動したとき、その流れにはなにが起きるのか？　それについて、まずお話ししておきたい。

こんな仮想的な状況を考えてみよう。あなたはいま、北極に立っているとする。体は、どう動いているだろうか。

地球は南北をつらぬく軸の周りをこまのように回転している。これが自転だ。あなたは北極に立っているのだから、この自転の軸は、あなたの体を足から頭までつらぬいている。この回転に関するかぎり、あなたと地球は一体になっている。つまり、あなたの体も、地球とおなじように、北極の上空から見れば、24時間に1回転の割合で反時計まわりにクルクルと回転している。フィギュアスケートのスピンのような回転だ。

このとき、当たり前だが、あなたの体は地球に対して静止している。だから、自分は回転などしていないと思っている。実際には、地球はまわるし、あなたもおなじ回転スピードで、こまのようにまわっている。

さて、こんどは24時間に1回転の地球の自転によって得たスピンを保ったまま、南下したと考えよう（図５－４）。こまがまわりながら移動するようなイメージだ。北極にいたときは、自分の回転は地球の自転と一体化していた。だから、自分が回転しているとは思わなかった。では、そのまま赤道に移動したらどうだろうか？

北極から離れたら、あなたが回転する軸と地球が自転する軸は、もう一致していない。あなたの足元は、あなたと一体となってクルクルと回転してはいないのだ。だから、北極に立っていたときは、ただ立っているだけで回転などしていないと思っていたのに、そのまま赤道に移動してきただけで、なぜか反時計まわりに回転している自分を自覚することになる。

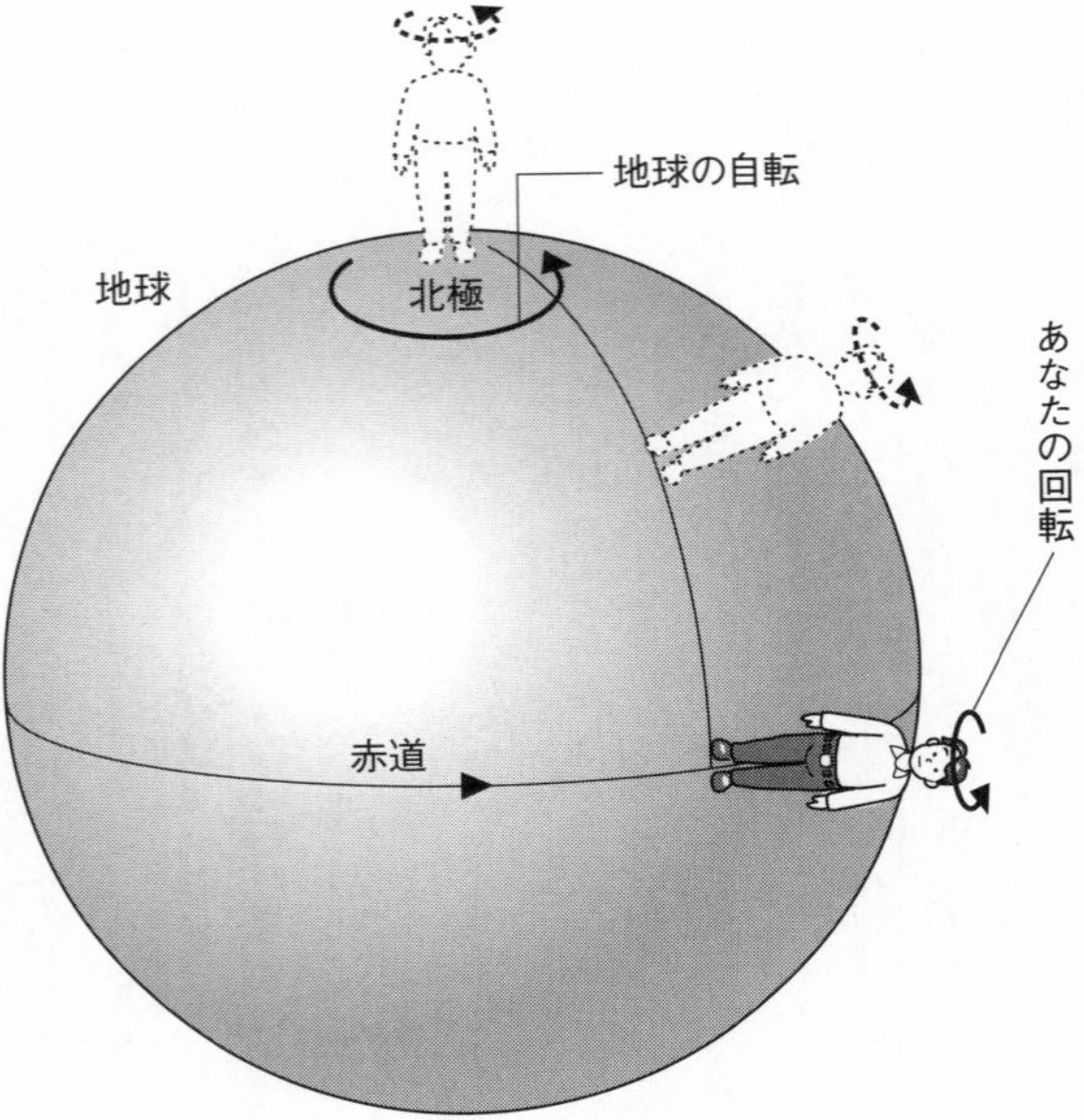

図5-4　北極から赤道に移動すると……

北極にいたあなたが、そのまま赤道に移動したとする。北極では地球とともに回転していたので、自分が回転しているとは思っていない。だが、赤道に近づいていくと、自分が地球に対して回転していることに気づく

地球の外からこの状況をながめていれば、「あの人は、北極にいたときの反時計まわりの回転を、赤道でもそのまま続けているのだな」とわかる。だが、地球は回転していると自覚していないあなたは、北極から緯度を下って赤道に来たら、反時計まわりの回転をするようになってしまったと考えるだろう。

こんどは逆に、あなたが最初は赤道上に立

っていたとしよう。足元の地球に対して、あなたは静止している。こまのようにクルクルとスピンしていることもない。さて、そのまま緯度を上がって北極まで移動してみよう。地球の外から見れば、あなたは相変わらず静止したままだ。

ところが、北極に来たあなたは驚くはずだ。なにもしていないのに、北極上であなたはこまのように回転しているからだ。ほんとうは、回転しているのはあなたではなく地球のほうなのだが、まさか地球が回転しているとは思っていないあなたは、自分のほうが時計まわりに回転を始めてしまったと考えることになる。「わたしは、赤道上にいたときは回転などしていなかったのに、そのまま北上して北極に来ただけで、時計まわりにスピンを始めてしまっていた……」

なぜこのような現象が起こるのか？　それは地球が球形だからだ。地球が自転しているときの軸、すなわち地球を南極から北極までつらぬく軸と、あなたがこまのようにスピンしているときの軸、すなわちあなたの体を足から頭につらぬく軸との位置関係が、南北の移動により変わる。ふたつの軸は、あなたが北極にいるときは一致し、赤道上にいるときは直交している。

ここでの説明は、理解しやすいように北極と赤道上の2点だけに注目したが、もちろん、そのあいだでも現象はなめらかにつながっている。北極から離れた瞬間に、赤道から動いたとたんに、あなたは地球に対して回転しはじめたことに気づくはずだ。

繰り返すが、このように軸の位置関係が変わるのは、地球が球形だからだ。もし地球が平面の回転円板のようなものだったら、あなたがどこへ動こうとも、ふたつの軸の向きはつねに一致していることになる。これが、第4章でコリオリの力を説明したときの円板だ。

■流体は南北に移動すると渦的な成分を得る

ある物体が地球上を南北に移動したとき、その物体の「回転」にはなにが起こるのかをみてきた。もちろん、この物体は、水や空気のような流体でもよい。

いま、赤道上の海にある大きな水の塊を考えてみよう。海に大きな氷の塊が浮いていて、ただし、それが氷ではなく、周囲の海水とおなじ水だと考えればよいだろう。ある特定の部分の海水に注目するイメージだ。

話を簡単にするため、いま海には海流などはなく、水は静止しているとしよう。注目している水の塊にも動きはない。

この水の塊を北に移動させる。すると、さきほどの例とおなじように、この水の塊には、時計まわりの回転に相当する動きがすこしずつ加わっていく。この「回転に相当する動き」のことを、地球の流体に関する物理学の言葉で相対渦度《そうたいうずど》という。

なぜ、「回転に相当する」などと持ってまわった言い方をするのか？　回転とは違うのか？

相対渦度は、大気の流れや海流のしくみを理解する際に、そのポイントとなる重要な概念だ。ここでは「相対」と「渦度」に分けて説明していこう。

まずは簡単な「相対」のほうから。地球には公転と自転があるので、地球上の海水は、宇宙から見れば、ほんとうは猛スピードで動いている。しかし、そうではなくて地球は静止しているとみなし、それに対して流体はどういう動きをしているかを考えよう。これが「相対」の意味だ。地球を基準にして、そこから相対的に見るということだ。わたしたちの感覚そのものだ。

■「渦度」は流体の回転成分

つぎに、「渦度」について説明しよう。

渦度は、流体の回転を表す量だ。鳴門海峡で有名なあの海の渦や、川面に現れてはふっと消えるあの小さな渦は、この渦度をイメージするための好例だ。ただし、見た目にはまったく渦がない流れでも、渦度がゼロではないことは、ごくふつうにある。これから、その話をしていこう。

さきほど説明したように、偏西風の蛇行パターンは、西から東にまっすぐ進む一様な流れに、時計まわり、反時計まわり、時計まわり……と東西に並んだ渦を重ねることで得られる。大気の流れにしろ海流にしろ、一直線に進んでいることはまれで、ふつうは多かれ少なかれ蛇行している。つまり、自然界の流れのパターンにとって「渦」はその本質にかかわる現象だ。そして、その場の流れの渦的な度合いを表すのが渦度という量なのだ。

ここで、反時計まわりに回転する水の渦を考えてみよう。中心より右では上向きに、左では下向きに水は流れている。強い渦だとこの流れは速く、弱いと遅い。これは渦だから、その特徴を生かして表現すると、上向きの流れと下向きの流れの差が大きいほど強い渦ということになる（図5－5上）。

たとえば、上向きの流れが秒速5メートル、下向きの流れも秒速5メートルだとしよう。すると、その差は秒速10メートル。この差が大きいほど強い渦だ。

そして、この上向きの流れと下向きの流れの間隔も、渦の強さに大きく影響する。差がおなじ秒速10メートルであっても、かりに100メートル離れたふたつの流れなら、100mも離れた距離で秒速10メートル分の差を生めばよいだけだから、スケールの大きい「渦」ではあるが、そう強く激しくはないことになる。だが、もしふたつの流れが5メートルしか離れていないなら、その短い距離で秒速10メートルの違いを生む、強く巻いている渦だ。鳴門の渦も、小さいからこそかえって強い渦として名物になる。

つまり、渦の強さを数量で表したい場合、離れた2点での流れの「速さの差」が大きいほど強く、また、その2点の「距離」が近いほど強くなるようにすればよい。渦度は、こうした考え方に立って、

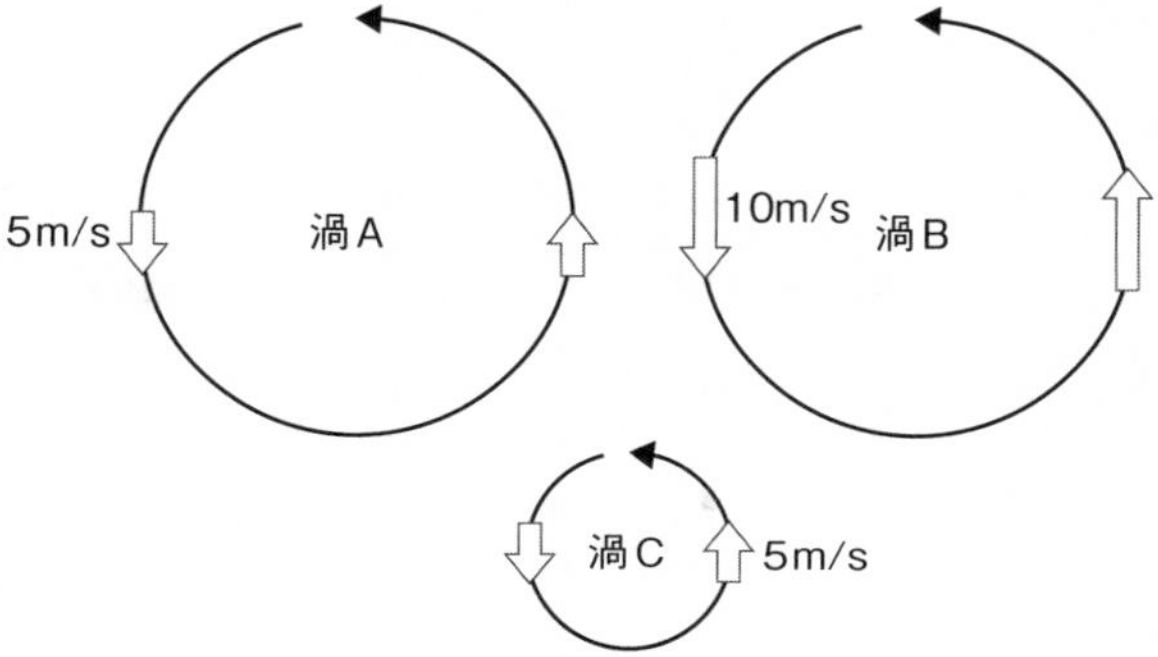

図5-5　渦の強さの表し方
渦Aに比べて、渦Bは同じ距離の2点間の流速の差が大きいので、渦Aより強い。渦Cは、渦Aと2点間の流速の差は同じだが、2点間の距離が短いので、やはり渦Aより強いといえる

$$\text{点Pでの渦度の大きさ} = \frac{v_2 - v_1}{\Delta x} - \frac{u_2 - u_1}{\Delta y}$$

$$= \frac{\text{南風成分の差}}{\text{東西距離}} - \frac{\text{西風成分の差}}{\text{南北距離}}$$

南風成分による正の渦の強さ　　西風成分による負の渦の強さ

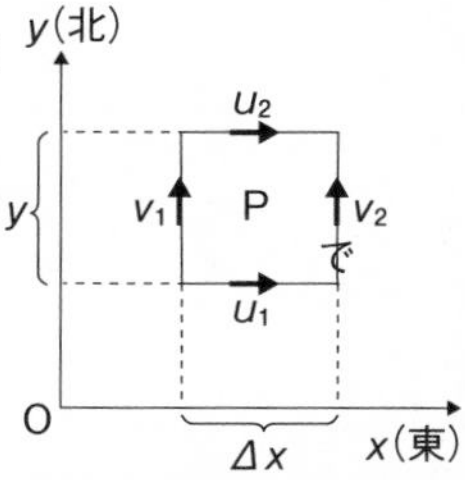

u_1, u_2：風の東向き成分（＝西風成分）
v_1, v_2：風の北向き成分（＝南風成分）

渦度の定義
点Pにおける風の流れに対する渦度の定義。ここでは上昇、下降する風は考えていない。風の速度を東西方向、南北方向の成分に分け、渦の強さを求める。渦度は反時計まわりが正、時計まわりが負なので、正負を考慮して引き算する。東西距離、南北距離をかぎりなく小さくすると、点Pでの渦度になる

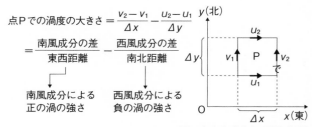

と定義されている。速さの差が大きければ大きいほど、その2点が近ければ近いほど渦度の値は大きくなる（図5－5下）。

2点の速さの差 ÷ 2点の距離

これまでの説明では、渦の中心からみて右と左に離れたそれぞれ上向き、下向きの流れを考えてきた。渦度は、それに加えて、中心からみて上にある左向きの流れと、下にある右向きの流れも考える。左右方向でみた差と上下方向でみた差を足し合わせたものが渦度だ。こうしておけば、東西南北のいずれの方向についても平等に扱うことができる。

■「絶対渦度」が保存する

ここでは、反時計まわりの渦を想定して渦度を説明してきた。このように渦度を定義しておくと、反時計まわりの渦であれば渦度はプラスの値を、時計まわりの渦ならマイナスの値をもつ。数学や物理学では、ふつう反時計まわりをプラスの回転と約束してあるので、それに合わせたわけだ。渦の回転が速くなれば、その渦が時計まわりであっても反時計まわりであっても、渦度はその絶対値が大きくなる。

念のため、さきほどの赤道上の水の塊の話を、渦度という言葉を使って表現しなおしておこう。赤道上で静止していた渦度ゼロの水の塊を北に移動させると、その塊はマイナスの渦度を得る。時計まわりの渦度だ。北極から水の塊を南下させていくと、渦度のプラスの値は大きくなっていく。

ここまでの説明は、すべて自転する地球に相対的な渦度の説明をしてきた。つまり、「相対渦度」の話をしてきたわけだ。

渦度の話をもうすこし先に進めよう。

北極に静止した水の塊があるとする。地球とともに自転しているが、相対渦度はゼロだ。これを赤道方向に南下させると、相対渦度はプラスで増えていく。じつは、そのとき減っていく量がある。それは、地球の自転がその水の塊におよぼす効果を表す量だ。

北極で静止している水は、じつは地球の自転とともに回転している。地球の自転の効果が、そのまま水に反映されている。地球の自転が水に与える効果は最大になっているわけだ。赤道上で静止している水は、赤道上を地球の自転とともに移動しているだけで、それ自身は回転していない。その意味で、地球の自転が水に与えている効果はゼロだ。

北極から南下してきた水の塊は、地球に対して反時計まわりのプラスの相対渦度を得る。それと同時に、その場その場で地球が水の塊に与えている自転の効果が減っていく。相対渦度が増え、自転の効果が減る。

ここから先はどうしても数学の話になってしまうので、これ以上は深入りしない。結論だけいうと、

相対渦度＋自転の効果

はつねに一定になっている。この和を絶対渦度という。このように、注目する流体の位置が変わっても絶対渦度の値が変わらないことを、「絶対渦度が保存する」という。これが「絶対渦度の保存則」だ。「保存する」という言葉は、「誰々が何々を保存する」というように目的語をともなうのが一般的なので、「絶対渦度が保存する」という自動詞的表現は居心地が悪いが、気象学者たちは、よくこういう言い方をする。

赤道から絶対渦度を保存しながら北上していく水の塊は、自転の効果が増していくのだから、相対渦度は小さくなる。もともと相対渦度がゼロだったら、どんどんマイナスになっていく。つまり、時計まわりの回転成分が増えていく。

地球上の流体では、空気でも水でもそうなっている。ただし、この現象が流れに対して実際に意味をもつのは、地球規模の大きなスケールの流れのときだ。大気ならば、それはたとえば偏西風。海であれば、海水浴場の小さな流れではなく、たとえば黒潮のような大規模な流れだ。

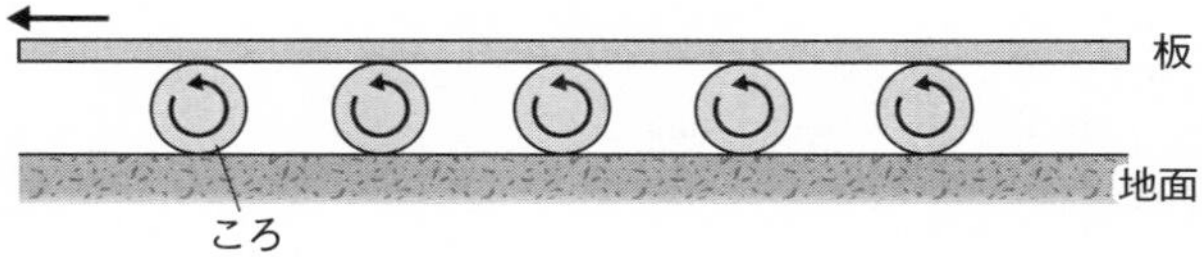

図5-6　まっすぐな動きと渦

地面とのあいだに「ころ」を挟んで板を動かすと、板は回転していないのに、ころは回転する。つまり、直進運動にも回転する「渦」が含まれていることがある

■渦でなくても渦度はある

ここまでの渦度の説明では、話を直観的にわかりやすくするために、ほんとうの渦をイメージして話を進めてきた。だが、いわゆる渦ではない直進する流れにも相対渦度はある。直進する流れに対しても、絶対渦度の保存は成立する。

「ころ」を考えてみよう。地面の上に重い板を置く。滑らせて動かそうとしても、重くて動かない。だが、地面と板のあいだに何本かの丸い棒を平行に挟むと、棒がコロコロころがって板を動かすことができる。この棒が「ころ」だ。

横から見ると、地面と板に挟まれた棒が回転している。いま地面は静止しているわけだが、その地面と板の相対的なスピードの差が、その境目で棒の回転を生んでいる。これが渦度だ（図5－6）。

これは水でもおなじことだ。こんなことを頭の中で考えてみよう。ここに、まっすぐに流れている川があるとする。川はふつう、中央部で流れが速く、岸では遅くなっている。つまり、流れる向き

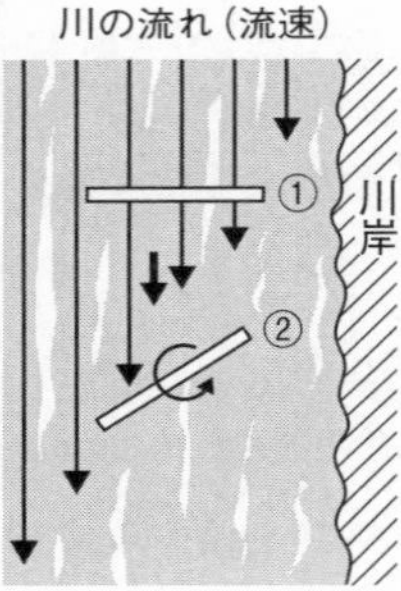

図5-7　川の流れと渦度
川の流れは岸近くより中央が速いので、そこに板を浮かべれば（①）、下流に流されながら回転する（②）。まっすぐ進んでいるだけの川の流れが「相対渦度」をもっている

は中央部でも岸近くでもおなじだが、流速が違う。

この川に板を浮かべたとしよう。中央部の水はどんどん下流に流れようとするのに、岸近くの水はあまり流れようとしない。だから、板の川の中央に近い部分はどんどん先に進もうとし、岸に近い部分は、あまり動かない。したがって、板は下流に流れつつ、回転するようになる。かりに、中央から岸までおなじ速さで水が流れていれば、こうした回転は起こらない（図5－7）。

おなじ方向に平行に流れている水でも、その部分により速さが違えば、この流れは渦の性質を含んでいるといえる。いまお話しした例からわかるのは、そういうことだ。

相対渦度をもつ流れは、見た目にあきらかな渦にかぎらない。一方向に進んでいる流れでも、その部分により流速に差があれば、相対渦度をもっていることになる。

■ロスビー波は西に進む

偏西風の蛇行に話を進めよう。高層天気図に現れる蛇行については、この章の始まりで説明した。そして、この蛇行の実体こそが、これからお話ししようとしているロスビー波だ。実際の大気の流れは高層天気図で見るようにかなり複雑だが、ここではそれを単純化して説明していこう。絶対渦度の保存がポイントだ。

いま、ある緯度に沿って東西に横たわる大気の帯を考えてみよう（図5－8）。なんらかの原因で、ある部分（A）が北に動き、すこし東に離れた部分（C）が南に動いたとする（①）。蛇行のパターンだ。そのとき、この蛇行パターンが西に進むことを説明しよう。

まず、北に動いた部分（A）。北に動くと「自転の効果」が大きくなる。絶対渦度は保存するから、「相対渦度」はマイナスになる。つまり、その部分は時計まわりの渦になる（②）。したがって、そのすぐ東に接した部分の空気は、渦に引きずられて南に下がる（③）。

つぎに、南に動いた部分（C）。南に動くと「自転の効果」は小さくなるので、「相対渦度」はプラスになる。つまり、反時計まわりの渦になる（②）。したがって、西に接した部分の空気は、渦に引きずられて、やはり南に下がる（③）。

いま注目しているのは、さきほどの「北に動いた部分」と、この「南に動いた部分」に挟まれた大気（B）だ。両隣の渦は、いずれもこの部分を南に動かしている。その結果、最初に南にでっぱっていた部分（C）の西隣が南に動いたことになる。

では、最初に南にでっぱっていた部分（C）は、どうなるか。いま新たに南に動いた部分

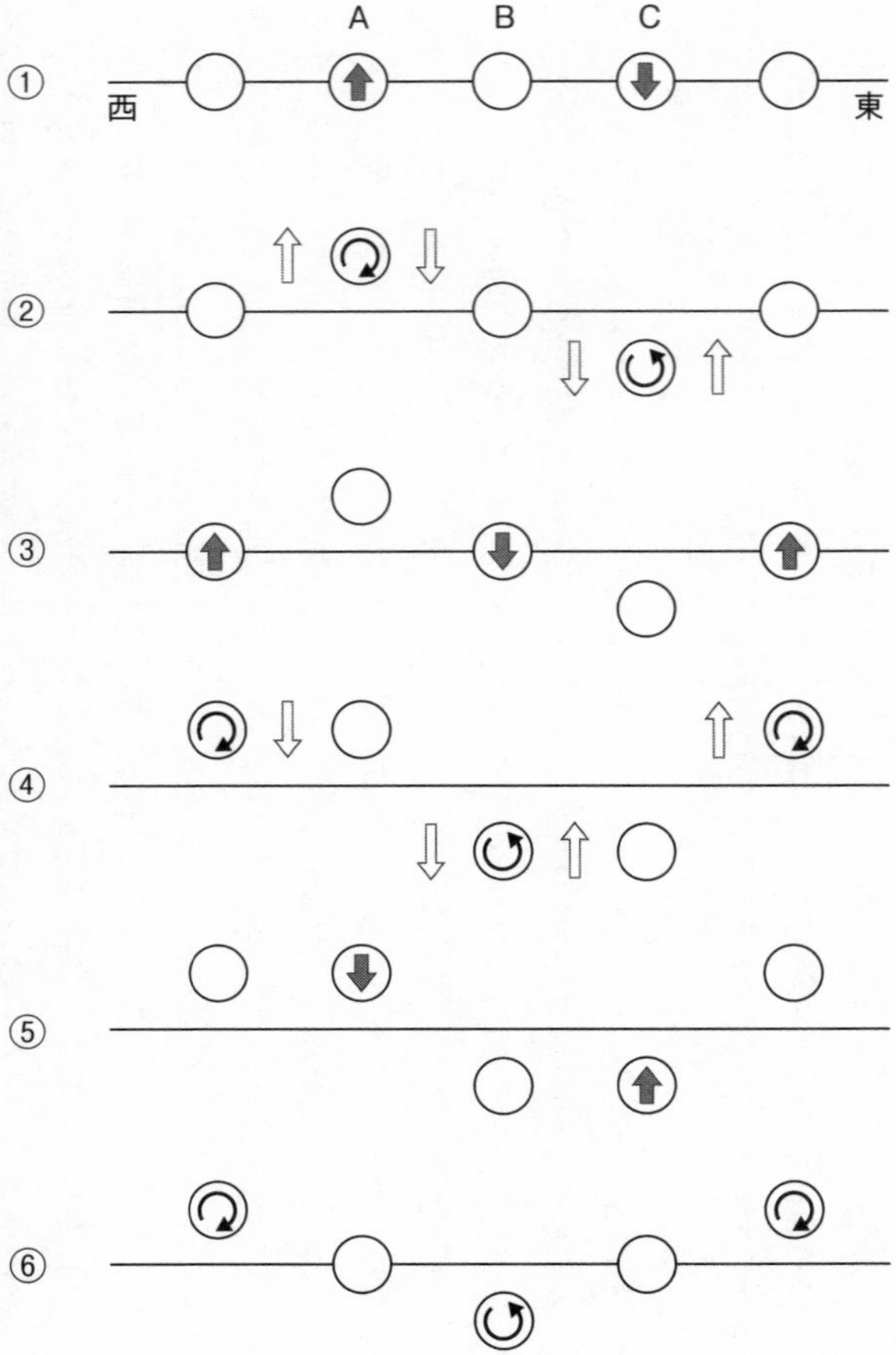

図5-8　ロスビー波が西に進む理由（その1）

北半球で東西に延びるロスビー波を上から見た図（図の①～⑥は本文に対応）

（B）は、やはり絶対渦度の保存で、反時計まわりの渦になる（④）。すると、その東側には、北向きの流れが生まれる。この流れが、最初に南にでっぱっていた部分を、元の位置に戻す（⑤）。それによって、蛇行パターンの南にでっぱっていた部分は、当初の位置から西に進んだことになる（⑥）。

ここはなじみにくいところなので、おなじ内容を別の言い方で繰り返しておこう。

これまで「自転の効果」とよんできたものは、じつは、物体がその場にいるとき、地球の自転がその物体に与えている渦的な成分のことだ。その物体が北極にあれば、地球に対して静止していて相対渦度がゼロであっても、地球はその物体に最大限の「自転の効果」、つまり渦的な成分を与えている。この物体が南下して赤道にいたれば、地球の自転が与える渦的成分はゼロになり、そのぶんが相対渦度に変化する。これが絶対渦度の保存だった。

その意味で、「自転の効果」は、相対渦度と入れ替わることのできる別の渦度と考えることができる。これを惑星渦度という。球体である地球という惑星の自転にともなう渦度という意味だ。この言い方を使えば、絶対渦度の保存は、

相対渦度＋惑星渦度＝一定

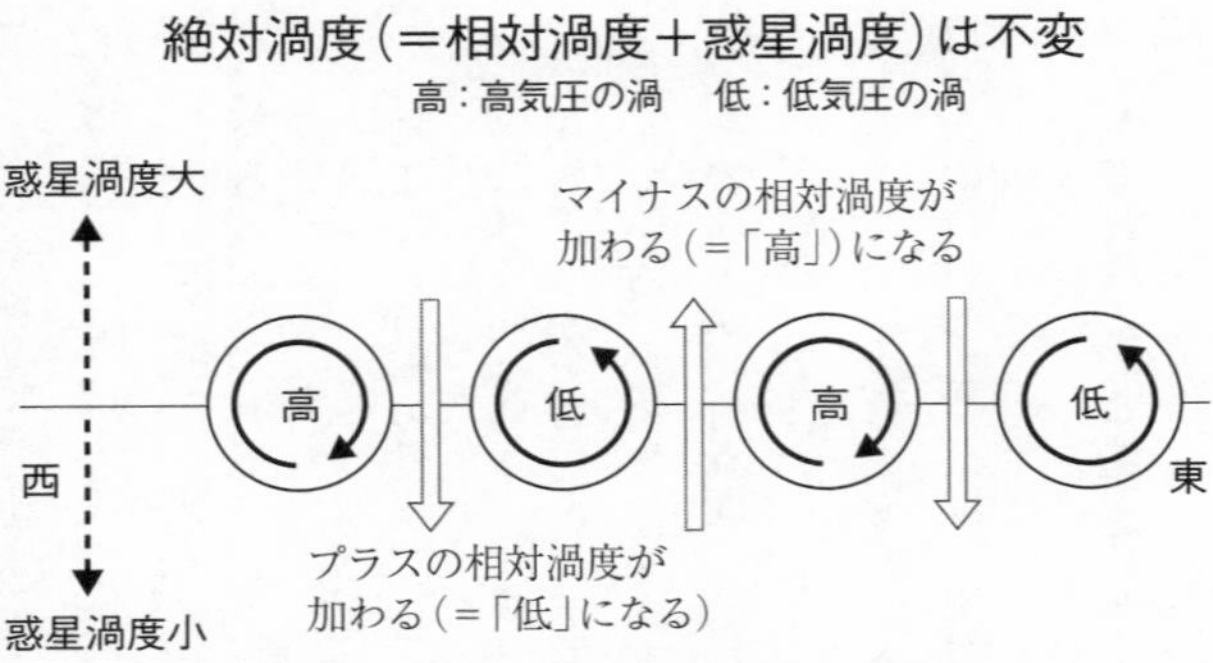

図5-9　ロスビー波が西に進む理由（その2）

図5-8とおなじ内容を別の仕方で説明した図。高気圧の渦と低気圧の渦が東西に並んでいる。その境目の空気は渦による流れで南北に移動する。絶対渦度は不変なので、南に移動すればプラスの相対渦度(反時計まわり)が加わって低気圧の渦となり、北に移動すれば、高気圧の渦となる。その結果、高気圧と低気圧の並びは西に進む

ということになる。

いま時計まわりの渦と、その東に反時計まわりの渦が並んでいるとする。両者に挟まれた部分には、北から南に風が吹くことになる。すると、この風が、北からプラスの惑星渦度を運んでくる。北半球の惑星渦度は、緯度が高いほど大きいからだ。したがって、ふたつの渦に挟まれた部分には、そのぶんだけ相対渦度がプラスされる。

プラスの相対渦度は反時計まわりの渦。だから、ここに反時計まわりの渦ができる。その結果、最初の反時計まわりの渦は西に移動する（図5－9）。

こうして蛇行パターンは西に進んでいく。地球が、北極の上空から見たとき反時計まわりになる現在の向きで自転してい

て、しかも球形であるかぎり、ロスビー波がつくるこの蛇行パターンはかならず西に進む。東には進まない。

地球上の大規模な渦は、それが大気であれ海であれ、こうして西に向かって進む。これがロスビー波だ。

念のため繰り返しておくが、いま「大規模な」と述べたのは、流れをつくる力のバランスにコリオリの力が実際にはたらくくらいスケールの大きな現象という意味だ。地衡流が成立するくらい大きなスケールといってもよい。第４章の「スケール解析」で説明したとおりだ。洗面台にできる渦や川面に浮かぶ小さな渦は、ロスビー波にはならない。

ロスビー波という「波」を生む復元力は、流れにはたらく地球の惑星渦度、すなわちコリオリの力の大きさが緯度によって違うことだ。コリオリの力がもつこの性質を「ベータ効果」という。コリオリの力の大きさが緯度により変化する割合を、地球流体力学では「β（ベータ）」というギリシャ文字で表す。ベータ効果は、このβによる効果という意味だ。ベータ効果がロスビー波を西に動かす。

■偏西風の蛇行が東に進む？

波の特徴は「波長」「振幅」「振動数」で表される。

イメージしやすい水面の波を例にとると、波の盛りあがった山から隣の山までの長さが「波長」だ。山・谷・山・谷のパターンが繰り返し続いているので、その繰り返しの一単位となる長さといってもよい。振幅は、文字どおり波の振れ幅のことで、波のない静止した水面から山の頂点までの高さになる。振動数は、ある地点を1秒間に通り過ぎる山の数だ。

いま、ロスビー波で注目したいのは、その波長だ。時計まわり、反時計まわりの渦が東西に並んでいるとすれば、時計まわりの渦の中心から、つぎのおなじく時計まわりの渦の中心までの距離。偏西風が南北に蛇行していれば、北に蛇行した部分と、つぎに北に蛇行している部分との距離。それがロスビー波の波長だ。

なぜロスビー波の波長に注目するのか？　それは、ロスビー波が西に進むスピードが、波長によって違うからだ。これを厳密に導こうとすると方程式を使った計算が必要になってしまうので、ここでは結論だけ述べると、ロスビー波は、波長が長いほど西に進むスピードが速い。

たとえば、北緯40度前後の中緯度だと、波長が6000キロメートルのロスビー波が西に向かって進むスピードは、秒速15メートルほどになる。時速にして50キロメートルあまり。自動車くらいのスピードだ。これより波長が短い4000キロメートルのロスビー波なら、西進スピードは自転車なみの秒速6メートルくらいに落ちてしまう。ロスビー波が西に進むスピードは、波長によってかなり違う。

偏西風帯の上空にあるジェット気流の蛇行は、このロスビー波が、西から東に向かう一様な風の流れに乗っていると考えることができる。偏西風帯の風は速い。冬場だと、高度５０００メートルあたりで秒速10メートル前後、高度１万メートルだと秒速20メートルにもなる。

わたしたちが暮らす中緯度では、春や秋を中心に移動性高気圧が西から東に移動していく。夏場に日本列島を東からおおう大きな太平洋高気圧のように、あまり動かない高気圧もあるが、移動性高気圧はこれとは違い、数日で日本列島を通過していってしまう。

この移動性高気圧の動きにロスビー波が関係している。あとで詳しく説明するが、移動性高気圧は、東西方向に延びる波長数千キロメートルの特殊な波にともなって発生する。偏西風帯でこうした波が発生すれば、風の流れは蛇行し、ロスビー波の性質を帯びる。波長がこれくらいのロスビー波だと、西に進むスピードは上空で西から東に向かう基本流のスピードより遅く、東へ流されてしまう。つまり、偏西風の蛇行は東に進む。したがって、移動性高気圧も、偏西風の蛇行ごと西から東へ移動していく。

週の半ばに「週末までこの晴れが続けばいいのになあ」と思っても、残念ながら高気圧は東の海上に遠ざかってしまう。そういうことが、よくある。これは、移動性高気圧をともなう偏西風の蛇行の波長が、あまり長くないからなのだ。

■蛇行とブロッキング

では、蛇行の波長がもっと長い場合には、なにが起こるだろうか。そのひとつが、異常な天候をもたらす原因にもなる「ブロッキング」という現象だ。北半球で多く発生する。

上空を流れるジェット気流の蛇行パターンは、これまで説明してきたように、偏西風帯を西から東に流れるまっすぐな基本流に、西に進むロスビー波が重なったものと考えることができる。ロスビー波は、その東西波長が長いほど、西に進むスピードが速い。したがって、波長が長ければ、基本流の速いスピードとつりあって、その場に停滞することになる。

こうして動きが止まったロスビー波を「定常ロスビー波」という。物理学では、進行せずにその場で止まっているようにみえる波を「定常波」「定在波」という。定常ロスビー波は、現実には完全に静止しているわけではないという意味で、「準定常ロスビー波」とよばれることもある。

定常ロスビー波となったジェット気流の蛇行は、停滞するだけでなく、蛇行の南北への振れ幅が、とても大きくなる場合がある。北側に蛇行している部分には、基本流に時計まわりの渦が重なっている。北半球だと、これは高気圧に特有の渦だ。つまり、北に大きく蛇行した部分は、そこに高気圧を抱えこんでいる。こうしてできた大きな高気圧をブロッキング高気圧という。

ブロッキング高気圧の「ブロック」は、偏西風で東に流される移動性の高気圧や低気圧の動きを阻んでしまうことから名づけられた。スポーツで相手の動きやボールをブロックしてしまうのと、おなじ意味だ。ブロッキング高気圧が発生した状態を「ブロッキング」という。

ブロッキング高気圧はヨーロッパや太平洋上の日付変更線あたりで発達しやすく、その大きさが5000キロメートルにもなるような広がりをもっている。それが1週間以上、ときによっては1ヵ月近くにもわたって停滞することがある。春や秋に日本付近を通過する移動性高気圧のサイズは500〜1000キロメートルほどなので、それに比べるとかなり大きい。

アメリカのアラスカ付近で成長したブロッキング高気圧の例を図5-10の高層天気図で示そう。このブロッキング高気圧は2017年の1〜2月に発生した。1月31日ごろから日付変更線のあたりで北に大きくふくらみ、2月2日には、地上天気図でよくみる高気圧とおなじように、等高度線が円状に閉じている。蛇行しているジェット気流では、等高度線はふつう南北に波打つだけだ。それが閉じてしまい、このブロッキング高気圧は流れから切り離されかけている。

この時点でジェット気流は、ブロッキング高気圧の北を大きくまわる流れと、南側をほぼまっすぐ東に向かう流れに分かれている。ジェット気流の道筋が波打ったんなる蛇行とは、すでに様子が変わってしまっている。ブロッキング高気圧は、ジェット気流の行く手を阻んでいるのだ。

日付変更線付近にこのようなブロッキング高気圧が冬に居すわると、北に回ったジェット気流は北極海の近くにまで達して南から暖気をよびこみ、季節外れの高温をもたらす。逆に、このジェット気流が北から戻ってくる位置にあたるアメリカの中西部では、大雪をともなう低温になる

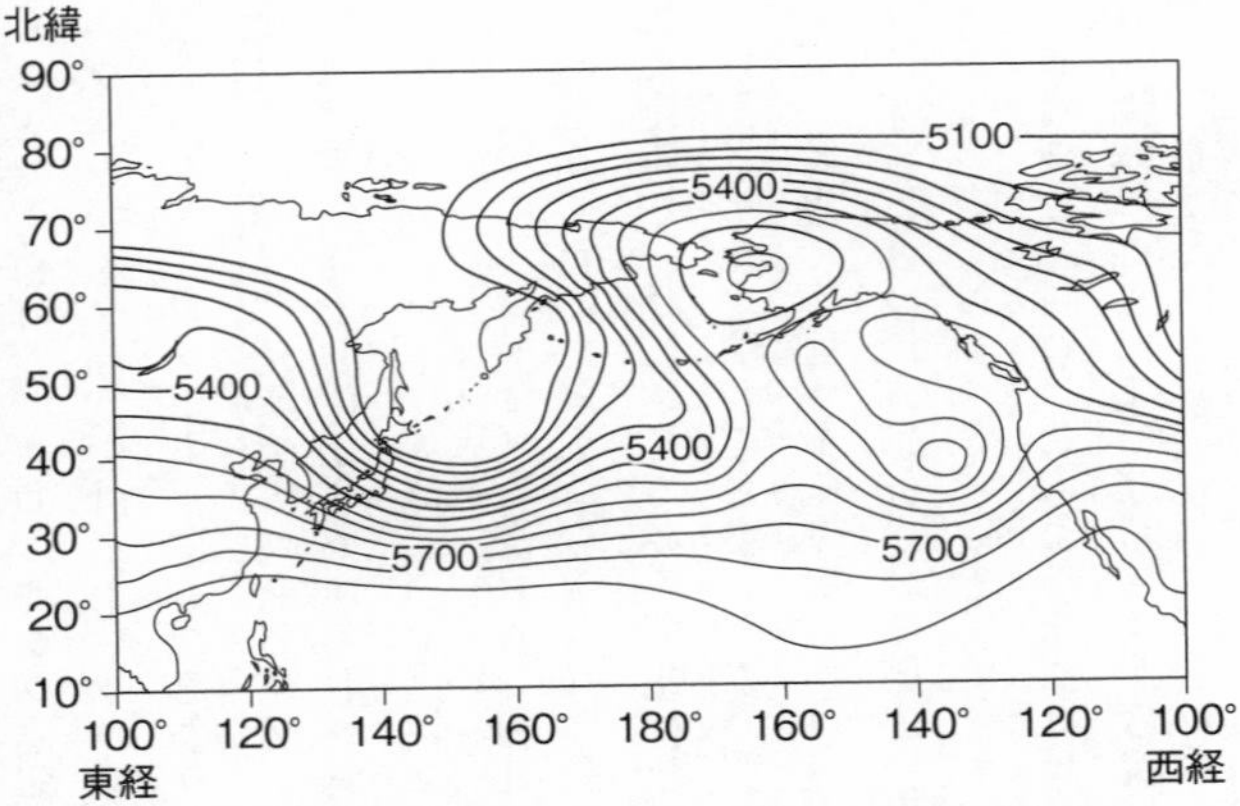

図5-10　高層天気図でみるブロッキング高気圧

500ヘクトパスカルの等高度線を示す高層天気図(2017年2月2日)。数字は線の高度(メートル)。ジェット気流がアラスカ付近で大きく北に蛇行し、その内側に高気圧を抱え込んでいる(気象庁の資料をもとに作成)

ことがある。冬の異常気象は、ブロッキングが関係していることが少なくない。

ブロッキングがもたらす異常は、こうした暖気や寒気の移動にとどまらない。ひとくちにジェット気流の蛇行といっても、そこにはさまざまな波長の蛇行が含まれている。あとでお話しするが、移動性高気圧や温帯低気圧はブロッキング高気圧より短い波長の蛇行をともなって発生し、その蛇行とともに東に移動する。だが、ブロッキング高気圧が発達すると、この移動性高低気圧も停滞してしまう。

さきほど例に挙げた2017年のブロッキング高気圧は、それから数日するとジェット気流から北に切り離され、巨大

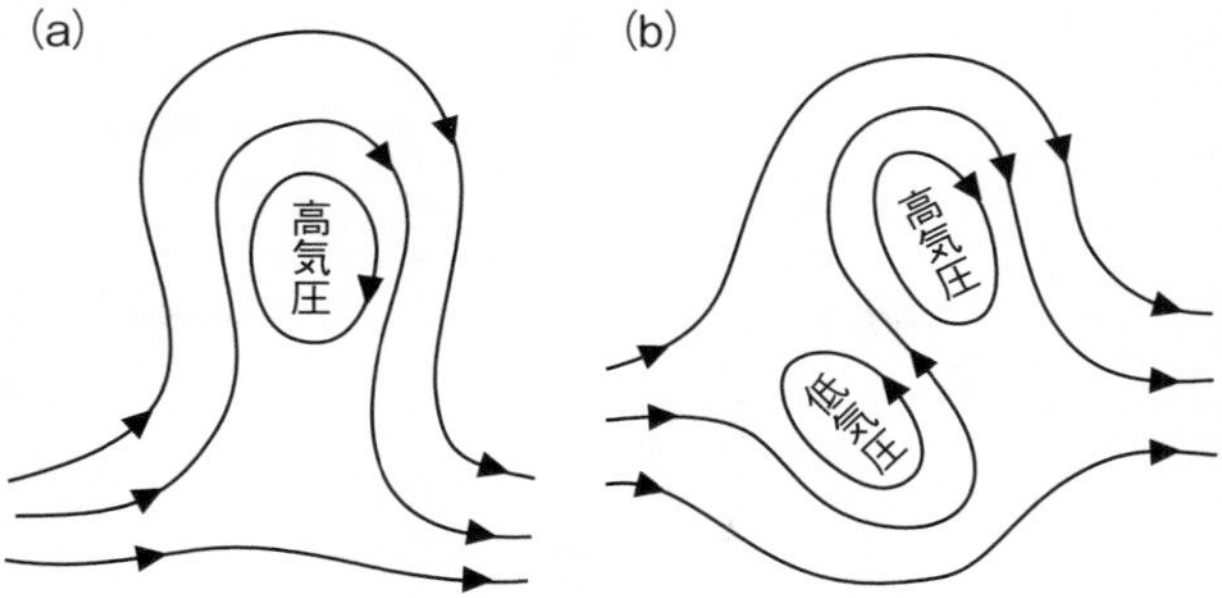

図5-11　ブロッキングの代表的な形

(a) 高気圧だけを抱え込む「Ω型」 (b) 高気圧と低気圧のペアができる「双極子型」

な高気圧のまま、こんどは西に進んでいった。渦は西に進むのだ。そして、1週間ほどでシベリアの上空に達し、やがて周囲になじんでしまって消滅した。

　このブロッキング高気圧は、ジェット気流の北に蛇行していた部分が巨大化したものだ。そのときの気流の流れがギリシア文字の「Ω（オメガ）」に似た形になるので、Ω型のブロッキングという。高気圧の南側に低気圧がペアで現れることもあり、その場合を双極《そうきょく》子《し》型という（図5－11）。

　北半球のジェット気流は、北側の寒気と南側の暖気の境目を流れている地衡風だ。ジェット気流が北にふくらむと、その南側にできるブロッキング高気圧の空気は暖かい。したがって、この高気圧が北側に切り離されてやがて消滅するということは、熱が南から北に偏西風帯を横切って運ばれたことを意味している。

　第2章でお話しした低緯度のハドレー循環では、暖かい空気が対流で北に動くことで熱を運んでいた。ところが、中緯度では、いまその一例を説明したように、波動が、あるいは波動が崩れた残がいが熱を北に運ぶ。

地球の大気大循環は、大きな目でとらえれば、赤道付近で太陽から受け取った多量の熱を、地球全体に配分するシステムだ。いまの地球で実現している大気と海の大循環では、熱はきちんと運ばれ、太陽からのエネルギーの入りと出がバランスしている。その運ばれ方が、低緯度の大気では南北方向に空気が流れる循環であり、中緯度では波動なのだ。

■ブロッキングが異常気象をよびこむ

偏西風帯では、移動性の高気圧や低気圧がジェット気流の蛇行とともに西から東へ進んでいくのがふつうだ。それにともなって、晴れたり雨が降ったり、気温が高くなったり低くなったり、天気は周期的に変わる。

だが、ブロッキングが発生すると、その周期的な変化が止まってしまう。その結果、おなじ大気の状態が長く続き、そうした天候に慣れていないわたしたちには、ふだんとは違う異常な天気（異常気象）だと感じられる。

たとえば、2010年の7月。ヨーロッパ東部からロシア西部にかけての広い地域を熱波が襲った。熱波とは、温度の高い空気が広い範囲に押し寄せて、気温が急に上昇する現象のことだ。

この時期の最高気温がふつうは約22度Cのモスクワで、７月29日には38度Cを記録した。熱波は、いちどにもっとも多くの犠牲者をだす気象災害だ。この夏の熱波による死者は５万人を超え、乾燥による森林火災も多発した。

日本の気象庁は同年８月６日、この熱波について、「ヨーロッパ東部からロシア西部周辺の広い範囲で異常高温となった」と書かれた報道発表資料を公表している。気象庁が「異常」という言葉を使うのは、その場所の気温や降水量などが、30年に１回程度以下しか経験しないような、きわめてまれな数値を記録したときだ。だから、「ここ10年くらいは、こんな暑い夏はなかった」という程度では「異常」とはいわない。ほんとうにまれな高温だったのだ。

このとき、熱波地帯では６月下旬からジェット気流が大きく北に蛇行し、ブロッキング高気圧が発生して停滞していた。この高気圧が異常高温、異常少雨をもたらしたと気象庁は解説している（図５－12）。

高気圧におおわれれば、晴天が続いて地面は熱くなり、気温も高まる。そして、高気圧の内部では下降気流が生じている。空気が気圧の低い上空から気圧の高い地上付近に下りてくると、圧縮されて温度が上がる。温度が上がれば、湿度は下がって乾燥する。高気圧の直下でなくても、その西側では風が北に流れるので、南から暖かい空気が入ってくる。

かりにこのような異常高温になっても、その原因となる高気圧が数日で通り過ぎてしまえば、

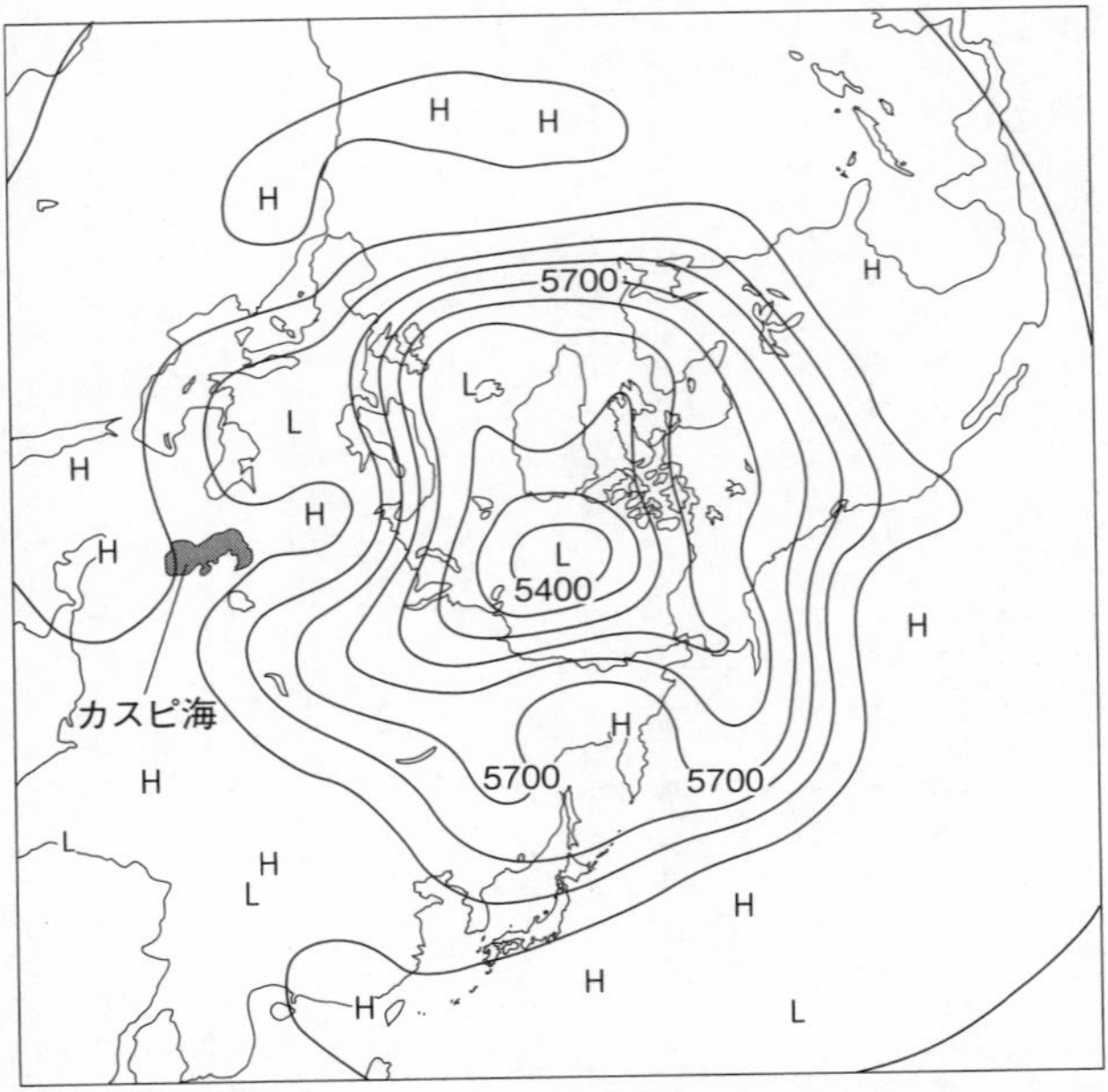

図5-12　ヨーロッパ～ロシアの熱波とブロッキング高気圧

500ヘクトパスカルの等高度線を示す高層天気図（2010年7月）。数字は線の高度（メートル）。Hは高気圧を、Lは低気圧を表している。カスピ海の北でジェット気流が北に蛇行し、ブロッキング高気圧がその一帯を広くおおって熱波をもたらした（気象庁の資料をもとに作成）

大きな気象災害にはいたらない。だが、ブロッキングが発生すると、おなじ状態が数週間から1ヵ月以上も続くことがある。しかもブロッキング高気圧の広がりは大きい。逃げ場がないのだ。日本でも、ブロッキングがその原因のひとつとみられる大雪を経験している。

2014年2月の7～9日と14～15日、日本列島の南岸を低気圧が立て続けに通過し、首都圏などに大雪を降らせた。関東地方などの太平洋岸にしばしば大雪や大雨をもたらす「南岸低気圧」だ。とくに二度目の南岸低気圧では、甲府でそれまでに記録していた49センチメートルをはるかに超える114センチメートルの積雪となるなど、関東甲信地方を中心に久々の大雪となった。

このとき、日本列島から東に3000キロメートルほど離れた太平洋上に、ブロッキング高気圧が居すわっていた（図5-13）。その影響を探るため、海洋研究開発機構と新潟大学の研究者グループは、よく似たブロッキング高気圧が冬に発達した14の事例について、低気圧の通り道などの特徴を調べた。

その結果、ふだんなら日本の南岸を東に進んでいく低気圧が、ブロッキング高気圧が発生していると、その向きを北東の方向に変え、列島からなかなか離れずに「南岸低気圧」となるケースが多いことがわかった。

これにともない、関東地方の降水量は、たしかに増加していた。雨として降るか雪になるか

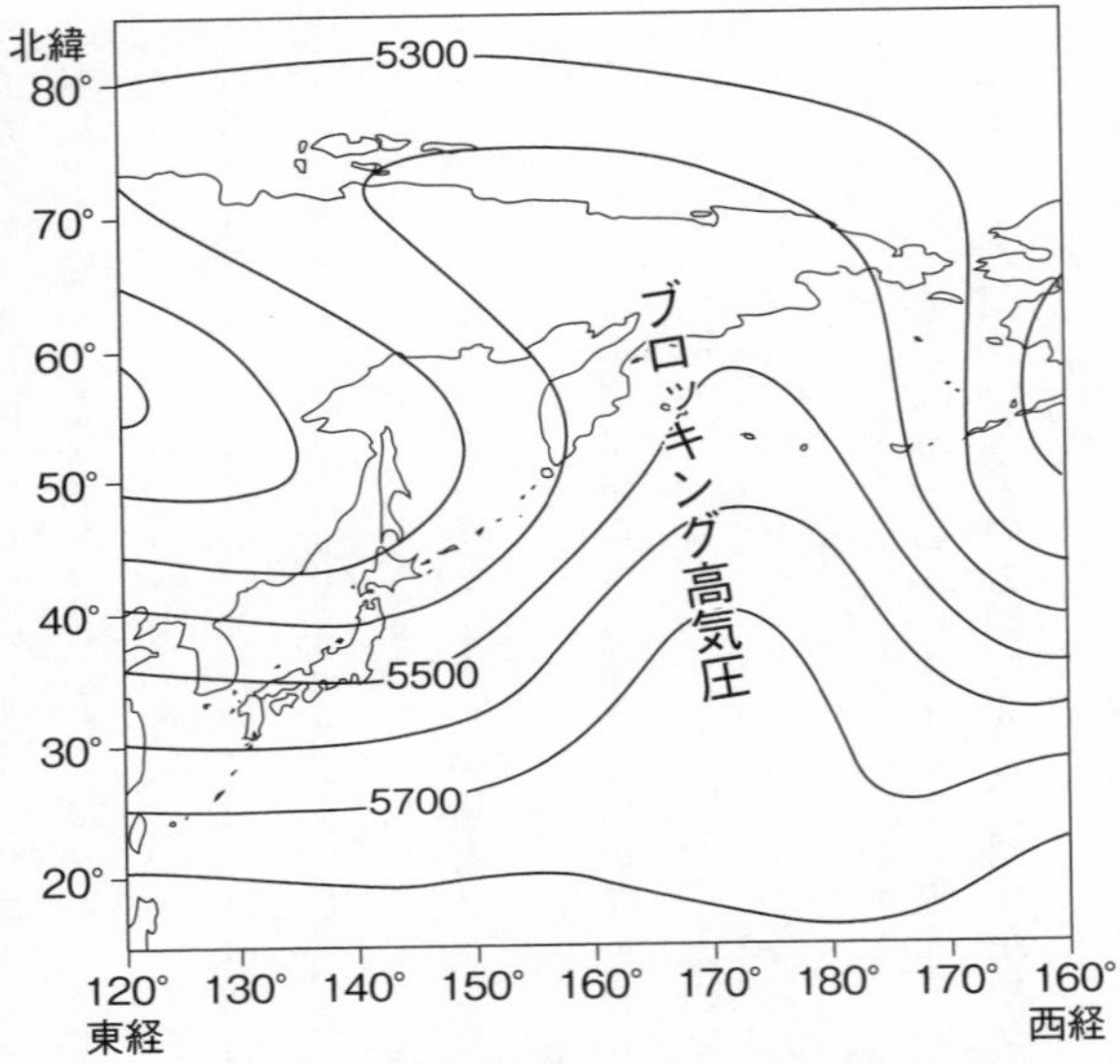

図5-13　南岸低気圧とブロッキング高気圧

500ヘクトパスカルの等高度線を示す高層天気図(2014年2月7〜16日)。数字は線の高度(メートル)。日本列島の東方でブロッキング高気圧が発達していた。これが、列島の南岸を東に向かう低気圧の行く手を阻み、低気圧はゆっくりと列島沿いに動く「南岸低気圧」になった(気象庁の資料をもとに作成)

は、そのときの気温も影響する。シベリアからの寒気の流入が強ければ、雨ではなくて大雪になる。２０１４年の2月上旬は、そうなっていた。

ブロッキングは、このように温帯低気圧が進むルートをかたよらせてしまうことがある。移動性高低気圧は日本列島を数日で通り過ぎてしまう時間スケールの短い現象だが、ブロッキングのように数週間から数ヵ月にもおよぶような時間スケールの長い現象が発生すると、南岸低気圧がふたつ続いたこの例にみるように、おなじことが何度も繰り返される。

さきほどお話しした熱波のようなブロッキング高気圧そのものの影響でなくても、移動性の低気圧にともなって一過性で終わるはずだった大雨や大雪などが短期間に繰り返し訪れ、ふだんとは違う災害級の天候が頻発する可能性がある。

■ロスビー波の波長を決めるもの

これまでのロスビー波の話では、「そこにジェット気流の蛇行があったらどうなるか?」「それがロスビー波だとしたら、どのような性質をもつか?」という説明をしてきた。ロスビー波の存在を前提としてきたわけで、「なぜそこにロスビー波があるのか?」「ロスビー波は、なぜその波長になるのか?」といったそもそも論には触れていない。これまで棚上げしてきたこの点についても、お話ししておこう。

じつは、ジェット気流を蛇行させる原因には、いくつかの種類がある。いまここでお話しするのは、そのうちのひとつ。わたしたちになじみ深い移動性高気圧や温帯低気圧の発生が関係する「傾圧不安定」という話だ。その他の原因については、第6章で触れたい。

偏西風帯では、波長が数千キロメートルのジェット気流の蛇行がよくみられる。そして、この

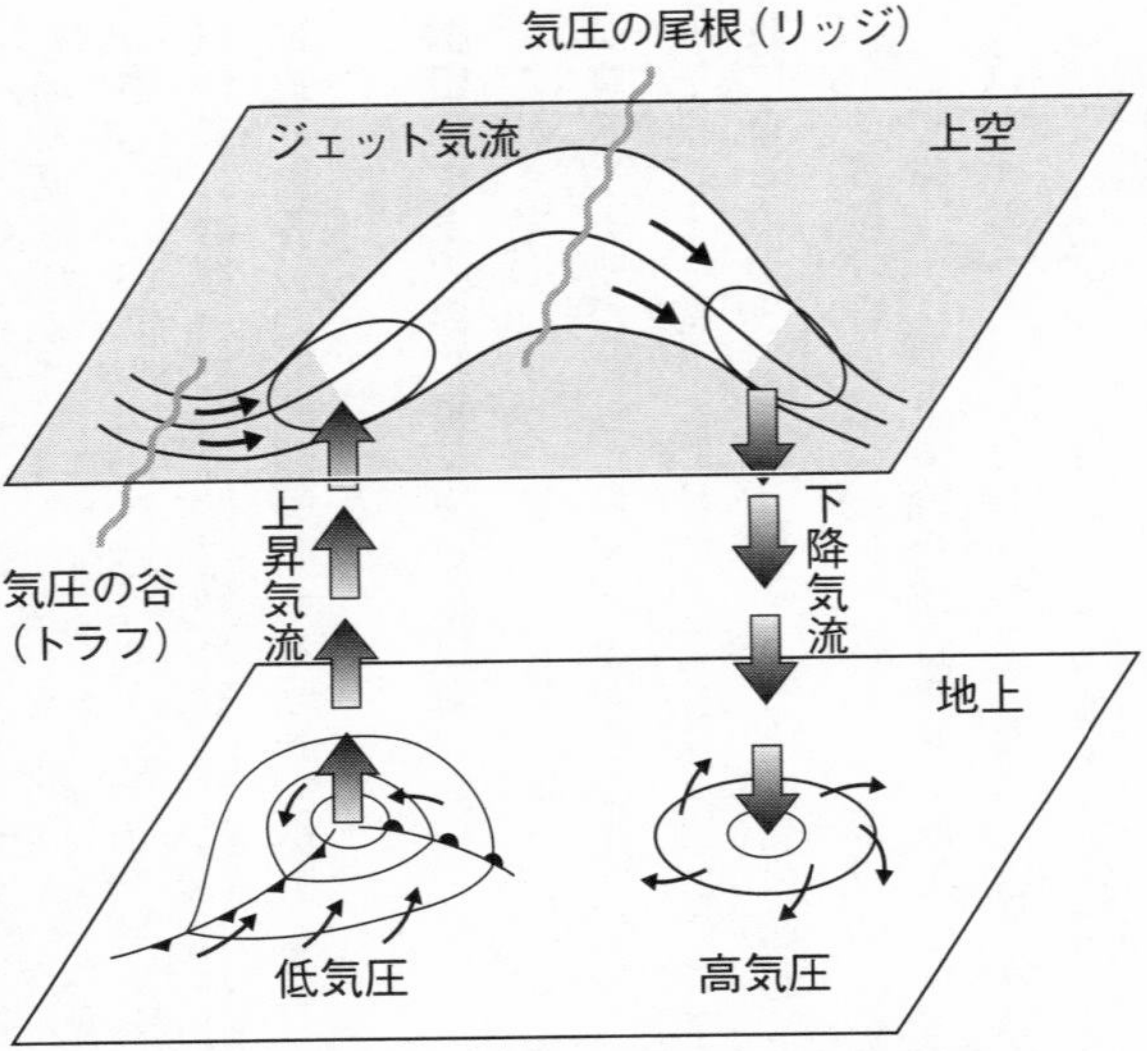

図5-14　ジェット気流と地上の高低気圧

上空のジェット気流が北や南に向かうあたりに、地上ではそれぞれ低気圧と高気圧ができる。気圧の「尾根」「谷」については、図5-15を参照

スケールの波長の蛇行は、地上の天気図で見ると、高気圧や低気圧をともなっていることが、しばしばある。北半球の偏西風帯だと、ジェット気流が北に向かって蛇行を始めるあたりに低気圧が、逆に、北から南におりてくるあたりに高気圧ができている。この高低気圧がジェット気流の蛇行と一緒に東に流されていくという話は、すでにした（図5－14）。

では、この蛇行の波長は、なぜ数千キロメートルなのか？　蛇行が原因で高低気圧が発生するのか、高低気圧が原因で蛇行が生まれるのか？　繰り返しいうように、気象は、あることが原因になって結果が生まれ、その結果が原因となって、さらに元の状態を変えていく複雑なシステムだ。したがって、原因と結果をすっきり切り分けることは難しいが、ここでは、あえてそれを切り分けて、蛇行の物理を整理しておきたい。

まず、「なぜ波長が数千キロメートルなのか？」という点だ。

いまここに、地上から上空まで西から東にまっすぐ流れている仮想的な風を考えよう。ただし、上空ほど風速が増している。これが偏西風の基本流に相当する。

このままでは、なにも起こらないのだが、ここに、なんらかの小さな「乱れ」を与えたとする。波の始まりであるこの乱れは消滅するのか、あるいは成長して大きくなっていくのか？　消滅と成長を分けるのは、元の基本流がもつどのような性質なのか？　乱れを成長させる可能性が基本流にあるとき、実際に乱れが成長するために、乱れの側に必要な条件はあるのか？

この考え方は、流れに生ずる乱れを調べる際の常套《じょうとう》手段だ。基本となる流れに、ごく小さな乱れを与えたと仮定する。この乱れが成長するのは、基本流がどのような性質のときなのか？　おもに注目するのは、乱れではなく、あくまでも基本流のほうだ。偏西風でいえば、蛇行そのものではなく、基本流が蛇行を生む可能性があるかどうかに着目する。

あらかじめ話の交通整理をしておこう。いま述べているのは、流れに波が生ずる2種類の成因のうちのひとつだ。一般に、波は、外部から力を加えられて無理やりできる場合と、流れそのものが不安定なため、ちょっとした乱れがきっかけになって波に発展してしまう場合に大別できる。いまお話ししているのは後者だ。池に小石を投げ込んだときにできる水面の波は、前者の典型例だ。こちらのタイプのロスビー波については第6章でお話しする。

ジェット気流の「不安定」について説明していこう。

いま述べたように、乱れを成長させるような性質を内に含んでいる基本流が「不安定」な流れだ。「傾圧」というのは、地上と上空の流れがおなじではないことを指す。これからの話が「傾圧不安定」の理論とよばれるのは、そのためだ。

この研究は、1940年代後半に大きく進展した。傾圧不安定の理論を数式で追うことは、この本のレベルをはるかに超えるので、ここでは定性的に話を進めたい。

話を追いやすくするために、北半球中緯度の偏西風帯をイメージしよう。基本流は西から東にまっすぐ吹いている。地上より上空のほうが風速が速い。この流れに、南北にわずかに波打つ蛇行が乱れとして加わったとする。仮定しているのは、高校で習った三角関数のサインカーブのように、一定の波長で規則的に波打っている乱れだ。このときどういう条件を満たせば蛇行は成長するのかという問題だ。

理論的な結論として、まず、基本流の風速は、地上に比べて対流圏の中層ではかなり速くなければならない。風速差がわずかだと、かりに乱れが発生したとしても減衰してしまう。乱れが成長するための風速差は、細かい条件にもよるが、たとえば秒速5メートルを超えるくらい。現実の偏西風帯に、それくらいの差はある。つまり、偏西風帯は、わずかな乱れが波として成長する素地をもっているということだ。

そして、どんなスケールの乱れでも一様に成長するのではなく、成長しやすい乱れの波長というものがあることもわかった。偏西風帯でみられる現実的な風速差の範囲だと、それは3000～5000キロメートルくらいになる。さまざまな乱れのうちで、これくらいの波長のものが頭角を現し、現実となる。そもそもの問いにあった「数千キロメートル」が、ここで顔をだすわけだ。

こうした流れの不安定で生みだされる波動を「傾圧不安定波」という。

■傾圧不安定波と移動性高低気圧

この傾圧不安定波は、日本付近をよく通る「移動性高気圧」「温帯低気圧」と関係が深い。傾圧不安定の理論は、その初期から、これら移動性の高低気圧と関連づけて論じられてきた。

話を進めるまえに、言葉の整理をしておこう。これまでにも「移動性高気圧」「温帯低気圧」という言葉は使ってきたが、きちんと説明していなかった。ここでお話ししておきたい。

「移動性」と対になる言葉は「停滞性」だ。夏に日本列島を広くおおう太平洋高気圧は、太平洋上からあまり動かない。停滞している。それに対し、西からやってきて数日で東に去っていく高気圧もある。これを「移動性高気圧」という。わたしたちが暮らす中緯度の偏西風帯でよくみられる。

移動性高気圧と入れ替わるようにしてやってくる低気圧も西から東に移動する。したがって、これは移動性低気圧といってもよいのだが、ふつうは「温帯低気圧」という。

低気圧の仲間に、温帯低気圧とは発生のしかたも構造もまったく違う有名な低気圧がある。「熱帯低気圧」だ。赤道近くの洋上で生まれ、発達すると、その海域によって台風、ハリケーンなどの名を与えられる。これも移動性低気圧だ。

したがって、とくに「移動する」という性質を強調するのでないかぎり、それぞれを温帯低気圧・熱帯低気圧と区別してよんだほうが、混乱がすくない。そのような事情で、偏西風帯で発生して移動する高気圧と低気圧は、それぞれ「移動性高気圧」「温帯低気圧」とよばれることが多い。

さて、地上天気図で見る移動性高気圧や温帯低気圧は、その等圧線が同心円状に閉じている。もちろん、高気圧では中心の気圧が周囲より高く、低気圧では低い。ところが、おなじ場所を高層天気図で見ると様子が違う。そこにあるのはジェット気流だ。しかも、ジェット気流が蛇行し

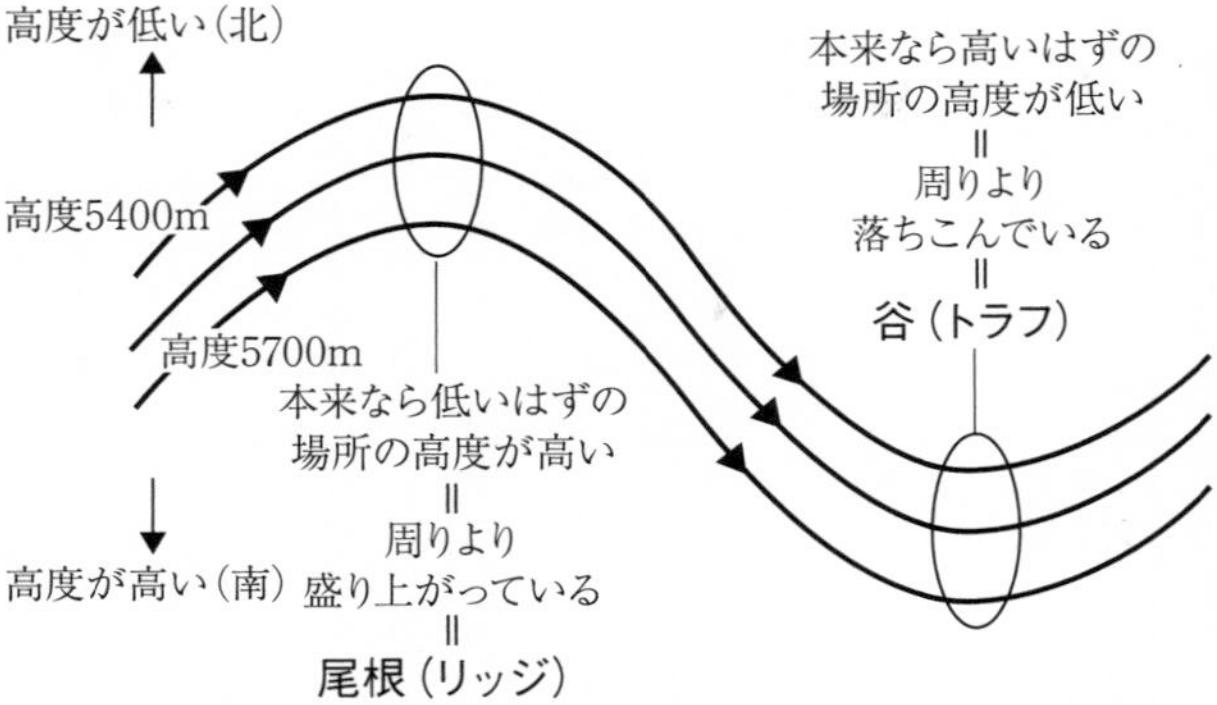

図5-15　気圧の「谷(トラフ)」と「尾根(リッジ)」

500ヘクトパスカルの等高度線のイメージ図。気圧が500ヘクトパスカルになる高度は、北半球だと北のほうが低い。地形図でいうと、南が高山地帯で北に低地が広がっている。等高度線が北にふくらんでいる場所は、山岳が低地にせりだしているイメージ。つまり、そこだけが高まった「尾根」。逆に、南にふくらんでいる場所は「谷」だ

ている（図5－14）。

高層の天気図に関連して、気圧の「谷（トラフ）」「尾根（リッジ）」という言葉をよく聞く。北半球の高層天気図で、等高度線は極に近い北ほど低く、南ほど高い。これを地形図の等高線になぞらえると、北側は高度が低く、南ほど高くなっていることになる。北極近くに低地が広がり、赤道に近い低緯度は高山地帯のイメージだ（図5－15）。

いま、ジェット気流が南に蛇行しているとする。このとき、地形のイメージからすると、標高の低い北側の低地が、その部分だけ南の高山部分に入り込んでいることになる。つまり、地形

だと、この部分に谷ができている。だから、ジェット気流の蛇行が南に下がった部分を、気圧の「谷」という。おなじように、北に上がった部分が「尾根」だ。

テレビの天気予報で、「西から気圧の谷が近づいてくるので、天気は下り坂」などと聞くことがある。これは、上空でジェット気流の谷が西から近づいてくると、地上では温帯低気圧がやってくることを意味している。ジェット気流の蛇行と地上の移動性高低気圧は、別物ではない。

大気大循環がテーマの本書では説明を省くが、ジェット気流の気圧の谷の東側では低気圧が、西側では高気圧が発達しやすい。それぞれの部分で、低気圧、高気圧が発達する上下方向の風が生まれるためだ。

ジェット気流でみられる波長が数千キロメートルの蛇行と、移動性の高低気圧は、一体のものだ。上空の蛇行が地上に落とした影をみると、それが高気圧と低気圧になっているともいえる。

実際に、北半球で温帯低気圧の発生数が多いのは、日本からその東にかけての太平洋と、北アメリカ大陸の東岸から大西洋にかけての地域だ。このあたりは、上空のジェット気流が強い場所でもある。

なお、気圧の谷と尾根、高気圧と低気圧の関係については、ブルーバックスの古川武彦・大木勇人著『図解・気象学入門』で詳しく説明されている。

話の流れをおさらいしておこう。

偏西風帯で西から東に向かうまっすぐな風が吹いている状況を考える。地上より上空のほうが流れは速い。ここに、なんらかの乱れが生じたとする。これらのうち、偏西風帯の現実的な風速のもとでは、波にして波長が数千キロメートルに相当する乱れが成長しやすい。

現実の大気では、乱れを起こす要因はたくさんある。結果として、このスケールの乱れがしばしば成長して、波になる。数千キロメートルの波長をもつジェット気流の蛇行が生じやすいのは、そのためだ。

ジェット気流の蛇行は、移動性の高低気圧と一体のものだ。気圧の谷や尾根の一部に対応して、地上では高気圧や低気圧が生じている。だから、たとえば大きさが７０００キロメートル、８０００キロメートルにもなるような巨大な移動性高低気圧は、存在しない。

■傾圧不安定とロスビー波

この章では、ジェット気流の蛇行は、偏西風帯の東向きの風にロスビー波が重なったものと考えてきた。ロスビー波は西に進むが、東向きの基本流に流されて、結果としてすこしずつ東に移動する。傾圧不安定で生まれる波動がきっかけとなる移動性の高低気圧も、蛇行と一体となって東に動く。春先の日本列島では、この移動スピードが、高気圧と低気圧のペアが１週間で通り過ぎるくらいになる。天気が１週間で繰り返す「三寒四温」である。

すこし細かい話をしておこう。いま述べたストーリーは、じつはうまくつながっていない。なぜなら、ロスビー波と傾圧不安定波が存在するために必要なコリオリの力は、それぞれ別物だからだ。ふたつの波の関係は、どうなっているのか？　そのほか、「小さな乱れ」が傾圧不安定で高気圧・低気圧に成長する過程も中抜けになっている。

傾圧不安定理論の先駆者の一人であるイギリスの気象学者エリック＝トーマス＝イーディーは、１９４９年の論文で、傾圧不安定により生じる大気の構造を提示した。地表近くから上空にかけての気圧や温度などの変化を理論的に再現してみたところ、観測から得られる高気圧や低気圧の状況とよく似ていたのだ。しかも、今風なコンピューターによるシミュレーションではなく、「紙と鉛筆」による手計算によってだ。

このとき、イーディーは、コリオリの力は緯度により変化せず一定だと仮定している。つまり、傾圧不安定にとって、コリオリの力の緯度変化は本質的ではない。地球が球体ではなく平面であっても、回転さえしていれば成立する話だ。まえに説明した「β」という言葉で言い換えると、βがゼロでもかまわない。一方、ロスビー波は、コリオリの力が緯度変化しなければ存在できない。本章でお話ししてきたとおりだ。

βがゼロでもかまわない傾圧不安定波と、βがゼロでは存在しえないロスビー波が一体であるとは、どういうことか？

ここに、気象学を理解していくためのコツがある。

まえにもお話ししたように、気象は、ある原因が結果を生み、その結果が原因となってつぎの結果に影響する複雑なシステムだ。かりにこのシステムをそっくり表す方程式を使ってコンピューターでまるごと計算してみても、複雑な現象が複雑なまま再現されるだけで、それがどのようなしくみで成り立っているのかわかるわけではない。

気象の本質を理解するには、このトータルとして複雑なシステムのうち、いま注目したいのはどの部分なのかを明確にし、その部分にとって必要なもの、不必要なものを仕分けることが大切だ。そのための工夫が、第4章で説明した「スケール解析」であり、乱れを「小さい」と仮定したりβをゼロとしたりするような思い切った簡略化なのだ。

気象学者の真鍋淑郎《まなべしゅくろう》さんが2021年にノーベル物理学賞を受けた研究でも、大気は大胆に簡略化されている。現代に通じる手法で地球温暖化を初めて予測した1967年の論文では、地表からはるか上空までの大気を、単純な1本の「柱」とみなした。熱帯、寒帯などの場所による違い、季節による違いなどを無視している。いま真鍋さんが調べたい事柄に対し、それらは本質的ではないからだ。真鍋さん自身、「あの論文がわたしのホームラン」と振り返っている。

こうして、気象という巨大システムの「部品」を理解する。ただし、いま述べたような意味で気象は複雑なシステムなので、部品を足し合わせるだけでは、全体像は仕上がらない。部品どうしの関係にも目を向けて、それはまた別に解明していく必要がある。

この本で述べてきたのは、おもに部品の話だ。部品どうしのつながりは、しっくりいくとはかぎらない。だが、部品にこだわってこそ見えてくる本質がある。傾圧不安定やロスビー波の理論は、その典型だ。

βがゼロでも傾圧不安定波が発生することがわかった。発生しやすい波の波長もわかった。厳密にいえば、その際に、最初の乱れは「ごく小さい」と仮定して話を進めているので、成長した乱れがどうなるかは、この理論からは予測できない。あくまでも、基本流が小さな乱れを成長させる状況にあるというだけだ。傾圧不安定波の発生という「部品」の話は、ジェット気流の大きな蛇行に直接は結びつかない。だが、とても大切な部品だ。大胆にβをゼロと仮定したからこそ見えてきた部品なのだ。

さて、たとえこれが小さな乱れの話であっても、理論的な結果として得られた大気の状況は、偏西風帯にできる現実の高気圧や低気圧にそっくりだ。発達しやすい乱れの東西スケールも、高気圧と低気圧のペアで数千キロメートル。これも現実に合っている。

もし最初の「小さな乱れ」が高気圧や低気圧に成長したならば、コリオリの力の緯度による変化は無視できなくなる。ここからさきは、βがゼロではいけない。この高気圧と低気圧はロスビー波としての性格を帯びる。西から東に向かう基本流に乗ったロスビー波と考えることもできる。

傾圧不安定理論によりβがゼロで生まれた高気圧と低気圧の種《たね》が、この理論の枠外で大きく成長し、こんどはβがゼロではないロスビー波の性質をもつようになるわけだ。話が継ぎ目なく流れているわけではないが、本質的で重要な事柄が手をつないでいる。

■熱の輸送とフェレル循環

ブロッキングの話をしたとき、北にふくらんだジェット気流の南側には暖かい空気の高気圧ができ、それが北に切り離されることで、結果として南から北に熱が運ばれることになると説明した。移動性の高気圧や低気圧も、熱を南から北に運ぶ効果をもっている。

さきほど説明した傾圧不安定の理論では、ごく小さい乱れしか扱えなかった。そう仮定することで、手計算が可能になったのだ。乱れがそれからどう成長するかは、コンピューターによる計算で後にたしかめられている。低気圧の種としての乱れは、南から暖かい空気を引きこみながら基本流の北側に発達し、高気圧の種は、低気圧ほどは発達しないのだが、それでも北側の冷たい空気を連れて南に下がってくる。

また、ひとつの低気圧をみても、その東側では暖気が北に向かいつつ上昇し、西側では寒気が南下しつつ下降している。こうして、温暖前線や寒冷前線をともなう、見慣れた温帯低気圧ができる。

いずれにしても、傾圧不安定で生じた移動性の高低気圧は、熱を赤道側から極側に運んでいる。中緯度では、こうして傾圧不安定波という波が熱を運ぶ。ブロッキング高気圧による熱の輸送も、ロスビー波が関係している。

つまり、赤道に近い低緯度での熱輸送はハドレー循環のような「循環」が担い、中緯度では「波」によって熱が極側に運ばれる。空気の動きや熱を運ぶしくみが根本から違う。

だから、中緯度の空気の流れについて、地球を東西にぐるりと一周する平均をとると、見かけ上の妙な循環ができてしまう。中緯度帯では、波にともなって空気があちこちで複雑な動きをしているのに、平均をとるという人為的な操作をおこなうことで、実体としては存在しない仮想的な循環が、計算上みえてくる。その点が、実体のあるハドレー循環とは違う。これが第2章で触れたフェレル循環だ。

ハドレー循環は、赤道近くで暖かい空気が上昇して高緯度に向かい、冷たくなった空気が亜熱帯で下りてくる。ほんとうに空気が循環している。赤道域から亜熱帯にかけての低緯度帯なら、どこでもまんべんなく起こりうる、まさにイメージどおりの循環だ。

一方、フェレル循環の実体は、個々の温帯低気圧や移動性高気圧だ。あえて東西方向の平均をとらないかぎり、そこに「循環」は存在しない。

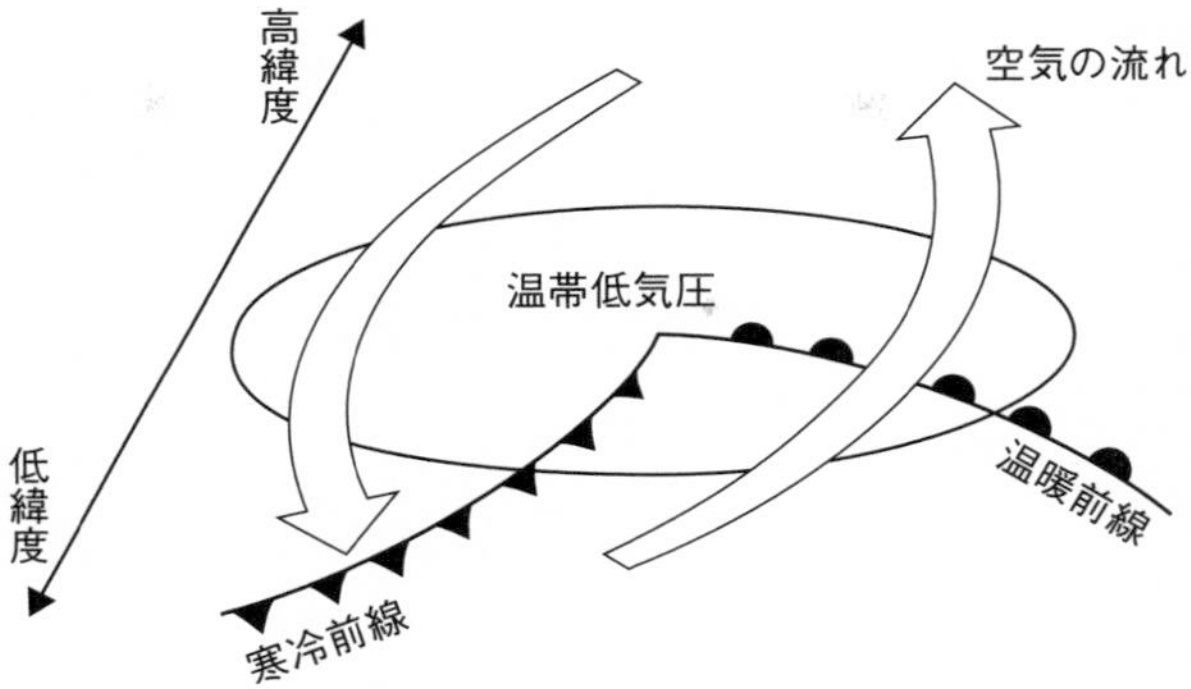

図5-16　温帯低気圧にともなう空気の流れ
温帯低気圧は温暖前線と寒冷前線をともない、反時計まわりに流れる空気は高緯度側で上昇し、低緯度側で下降する。中緯度には温帯低気圧が多く発生するので、この空気の流れを平均すると「高緯度で上昇、低緯度で下降」（＝**フェレル循環**）になる

温帯低気圧は、基本的には北半球だと反時計まわりの空気の渦だ。渦の東側で南からやってくる暖気は上昇するのだが、その上昇域は、渦の西側で北からくる寒気の下降域より高緯度側にある。温帯低気圧の構造により、高緯度側で暖気が上昇し、低緯度側で寒気が下降する。

コンピューターによる計算で温帯低気圧周辺の空気の流れを追跡してみると、たしかにそうなっている。全体としては、高度2000メートルのあたりを流れてきた低緯度側からの風が緯度45度くらいで上昇し、高度6000メートルくらいに達して向きを赤道方向に変える。そして、30度前後の緯度で下降してくる。高緯度で上昇、低緯度で下降だ。空気がこう流れることで、低緯度側から高緯度側へ熱が運ばれている（図5－16）。

こんな温帯低気圧が、偏西風帯にはいくつもある。その際に生まれる空気の動きを東西方向に平均して初めてみえてくるのがフェレル循環だ。高緯度側で上昇するからといって、低緯度側より冷たい空気が上昇しているわけではない。高緯度側で暖かい空気が上昇し、低緯度側で冷たい空気が下降している。その点ではハドレー循環と違いはない。

フェレル循環が常識とは逆に思えるのは、「低緯度の空気ほど暖かい」「暖かい空気は軽くてその場で上昇する」というハドレー循環と同様の原理で循環を考えているからだ。中緯度の大気の動きを支配しているのは波だ。波や高気圧、低気圧にともなう空気の動きが熱を運び、常識に反した見かけ上のフェレル循環を生んでいる。大気を動かす原理が、低緯度域と中緯度域とでは違うのだ。

平均標高4500メートルのチベット高原は大循環に影響をおよぼす
写真:アフロ

第6章 地球には山もあれば海もある

■大循環は地形の影響をうける

梅雨どきの大雨や夏の酷暑に見舞われると、その原因として「シルクロードテレコネクション」が指摘されることがある。ユーラシア大陸の中央部あたりを通った偏西風の蛇行が、そのはるか東の日本列島にも影響を与える。まるで、ユーラシア大陸の東西をつなぐシルクロードのようだ。日本列島がその蛇行パターンに飲みこまれると、いつもとは違う天候が訪れがちになる。「テレコネクション」というのは、遠く離れた場所の天候どうしになんらかの関係がみられるとき、その結びつきを指して使われる気象用語だ。

2018年7月の日本列島は、奇妙な天候に見舞われた。上旬には西日本から東海地方にかけての広い範囲で大雨が降り、気象庁はこれを「平成30年7月豪雨」と命名した。この大雨が収まると、こんどは全国的に記録的な猛暑になった。

この豪雨や猛暑にはさまざまな要因が関係しているが、そのひとつとして、気象庁の説明資料でも「シルクロードテレコネクション」が挙げられている。西方のユーラシア大陸上空で生まれた偏西風の蛇行が日本にも影響をおよぼしたのだという。

この「偏西風の蛇行」は、まさにロスビー波を指している。ロスビー波については、第5章までで、かなり詳しく説明してきた。ただし、これまで無視してきたものがある。それは、大陸や海の分布、そして大陸には高い山がそびえているといった地球の地形だ。ここまでは地球をのっぺりとした単純な球とみなして、大気の大循環を支える基本的な物理についてお話ししてきた。高校の物理で、質量はあるが大きさがゼロという、現実にはありえない「質点」を仮想することで力学の基本を説明するのと似ている。

この第6章では、もうすこし現実的になって、まず地形によって生まれるロスビー波についてお話ししよう。ユーラシア大陸にある平均標高4500メートル超の広大なチベット高原が、ロスビー波をとおして日本の気候に影響を与えている。それを知れば、ロスビー波がより身近に感じられるだろう。

ここであらためて心に留めておいてほしいことがある。現実の気象は、それぞれ固有の性質をもつ、さまざまなスケールの現象が合わさって実現している。この章では実際に起きた気象をにらみながら話を進めていくが、ロスビー波だけで現実の気象をすべて説明できるわけではない。地球規模のテレコネクションにしても、その成因については諸説ある。さまざまなしくみが組み合わされて、いまそこにある気象が実現し、ロスビー波はそのなかで重要な役割を果たすということだ。

これだけでは説明できないが、これがなくては説明できない。それがロスビー波だ。

■ジェット気流の蛇行を生む山岳地帯

ジェット気流の蛇行を形づくるロスビー波は、西にしか進まない。そして、進むスピードは、波長が長いほど速い。したがって、偏西風帯を東向きに吹く風に対し、波長が短めなら東に流されるし、長めならその場にとどまることがある。そういうお話をした。

ただし、これは、ロスビー波の位置を固定するものがない場合の話だ。第5章までは、大気をさえぎるものはなにもなく、波が自由に動ける状態を仮定して説明してきた。もし、波の一部がある場所に強制的に固定されていたら、話は違ってくる。

では、偏西風帯のロスビー波の場合、その「ある場所」とはどこだろうか？　そのひとつが、陸の大規模な山岳だ。ユーラシア大陸中央部のチベット高原や北米大陸西部のロッキー山脈などに偏西風が西からぶつかり、その流れが強制的に曲げられてジェット気流の蛇行を生む。もちろん山岳の位置は不変なので、蛇行の影響を受けやすい地域も、だいたい決まっている。

さて、一般に流れが強制的に曲げられるのは、具体的にはどのような場合だろうか？

これには、小さなスケールから大きなスケールまで、さまざまな場合がある。

小さなスケールでは、たとえば風が山にあたって斜面を駆け上るケース。山さえなければ、風はそのまま通り過ぎるはずだったのに、山に衝突して斜面を上る。その結果、気圧が下がって膨張し、温度が低下して雲ができる。斜面で雨が降る。あるいは、山の高さを吹いてきた風が山を過ぎて斜面を下り、圧縮されて温度が上がる。ふもとは高温になる。これは「フェーン」とよばれる現象だ。

山の影響で風が斜面を上ったり下りたりするわけだが、いまの場合はスケールが小さい局所的な現象なので、コリオリの力は有効にはたらかない。だが、地球規模の偏西風がチベット高原、ロッキー山脈のような大規模な山岳にぶつかるとなると、話は違ってくる。風がその辺の山を乗り越えるという単純な話にはならない。

偏西風は、高度によってその強さが違うとはいえ、対流圏の下部から上部まで、その全体で吹いている。対流圏は地上から高度十数キロメートルまでで、平均標高４５００メートルのチベット高原や最高峰が４４０１メートルのロッキー山脈は、高いといえども、その半分でしかない。偏西風は、これらの山岳を乗り越えることができる。その点では、さきほどのフェーンとおなじだ。

しかし、いまからする話の結論を先取りすると、これらの山岳を乗り越えた偏西風は、南北に蛇行するようになる。偏西風が強まる冬季の観測によると、チベット高原でもロッキー山脈でも、その下流の偏西風は現実に南に蛇行していることが多い。この下流部分が、チベット高原が生む蛇行については日本付近であり、ロッキー山脈では北米大陸の東岸のあたりになる。

北半球のジェット気流は、北側の冷たい空気と南側の暖かい空気の境目を流れている。これが南に蛇行すれば、そこには北側の寒気が流れこみやすくなる。したがって、日本付近や北米大陸東岸の冬は、その緯度にしては寒い。

■「大気の柱」が伸び縮みする

西から来た偏西風が山を越えると、なぜ上下方向の揺れではなく、南北に蛇行するようになるのか。それを説明していこう。

出発点になるのは、第5章でお話しした「絶対渦度の保存」だ。「相対渦度」と「惑星渦度」の和を絶対渦度といい、大気や海の水が水平方向に移動しても、この絶対渦度の値は一定に保たれる。大気が北に動けば「惑星渦度」は大きくなるので、「相対渦度」は小さくなる。相対渦度は反時計まわりをプラスと定義してあるので、それが小さくなるということは時計まわり成分の量が増えることになる。北半球でいえば、高気圧的な渦だ。

この話には、じつは暗黙の前提がある。それは、「大気が地上から対流圏の上端まで1本の柱とみなすことができる」という前提だ。大気の上下方向の動きも無視し、柱の高さも一定だと仮定した。平らな床と天井で高さを決められた空気の柱のイメージだ。天井は対流圏の上端、平らな床は陸地と海洋にあたる。大気は水平方向にしか動かず、しかも、地面のある場所から真上を見上げたとき、高度1キロメートルであろうと5キロメートルであろうと、大気の流れは同一だと仮定しているのだ。大気の動きは高度によって変わらない。つまり、大気は柱ごと水平に移動する。

ここからの説明では、対流圏界面でふたをされた天井はそのままだが、床は平らではない。陸地の山岳を考える。大気の柱が動いてきて山岳部にさしかかると、床が高くなったぶん、柱は短くなる。陸の地形によって、移動する大気の柱は伸び縮みする。そのとき、絶対渦度の保存則は、どう形を変えるのだろうか。

■ポテンシャル渦度の保存

大気の柱が伸び縮みするとき、絶対渦度の保存は成立しない。では、値が変わることなく一定に保たれるのは、どんな量なのだろうか。それが、これからお話しする「ポテンシャル渦度」とよばれる量だ。陸地の山岳を大気の柱が越えるとき南北の蛇行が発生することを、このポテンシャル渦度の保存を使って説明していきたい。

いまここに、1本の大気の柱を考える。この柱の体積が一定のまま、柱が上下に伸びたとしよう。体積が一定なのだから、柱は細くなる。フィギュアスケートのスピンで広げていた腕を縮めると、スピンの回転スピードが上がる。物理学の「角運動量の保存」だ。これとおなじで、大気

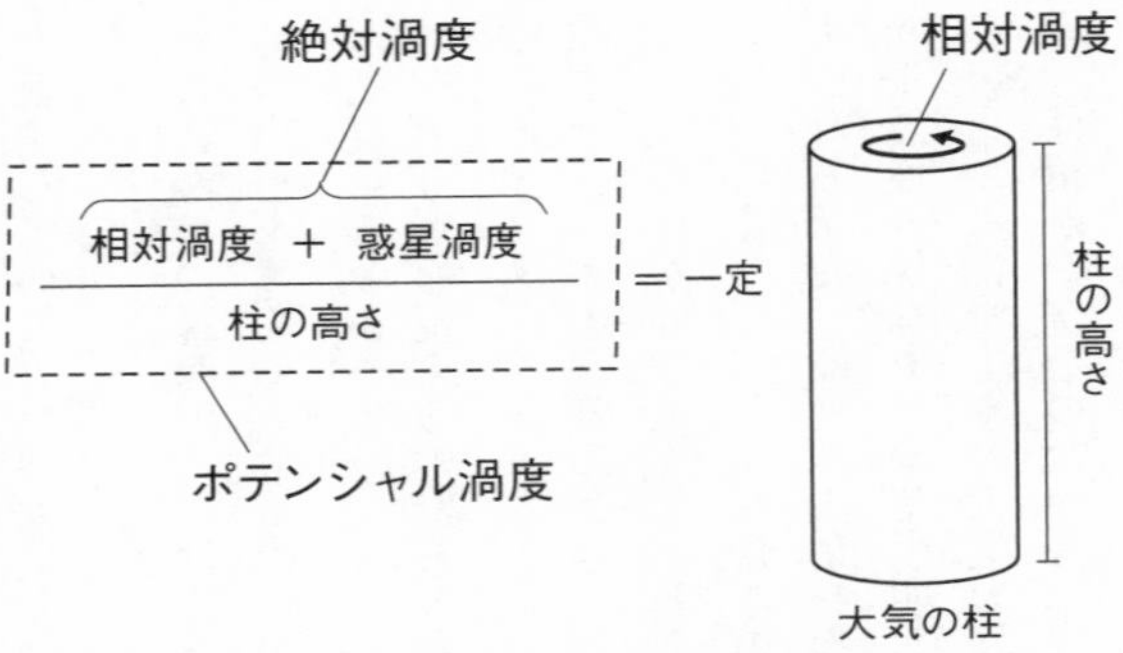

図6-1　ポテンシャル渦度の保存則

たとえば、大気の柱が南北に動かずに（「惑星渦度」一定）縮めば（「柱の高さ」減）、大気の柱には時計まわりの成分（「相対渦度」減）が加わる

の柱が細くなれば、その柱がもともと持っていた回転成分は強化される。

このように、柱が上下に伸び縮みすれば回転成分が増減するので、渦度も変化する。第5章で絶対渦度が保存すると説明したが、それは大気の柱の高さが一定であるという大前提のもとでの話。陸の地形などにより柱が伸び縮みする場合は、いま述べた理由で絶対渦度は保存しない。

ある大気の柱が、移動にともなって太くなったり細くなったりすると、絶対渦度が増減する。これが、大気の柱の動きに関する重要な性質だ。

数式による扱いは避けたいので詳しくは説明しないが、柱の太さと高さの関係を手がかりに、「相対渦度」「惑星渦度」「柱の高さ」の三者の関係を求めると、

（相対渦度＋惑星渦度）÷柱の高さ

は変わらない、という法則が得られる。これを「ポテンシャル渦度の保存則」という。この「（相対渦度＋惑星渦度）÷柱の高さ」を「ポテンシャル渦度」という（図6－1）。

「相対渦度＋惑星渦度」は絶対渦度なので、ポテンシャル渦度の保存則は、「絶対渦度÷柱の高さ」は変わらない、といってもおなじことだ。

■南北に動かなくても相対渦度は変化する

第5章では、大気が南北に動くことによって惑星渦度が変わり、絶対渦度の保存則のために相対渦度が変化する状況を説明した。北半球では、大気が北に動けば惑星渦度が大きくなるので、相対渦度は減っていく。すなわち、時計まわりの高気圧的な渦成分が増えていく。

一方で、大気が東西に動いただけでは、相対渦度は増減しない。惑星渦度が東西の移動では変わらないからだ。

ところが、いまお話ししたポテンシャル渦度の保存則だと、状況は一変する。大気の柱が東西に動いて惑星渦度が変わらなくても、柱が伸び縮みすれば相対渦度は変化する。いいかえると、山岳を東西に乗り越えようとする大気は、相対渦度についていえば、南北に移動するのとおなじ効果をもちうるということだ。

ポテンシャル渦度は「絶対渦度÷柱の高さ」だ。分子に絶対渦度が、分母に柱の高さがある。その値が、ポテンシャル渦度の保存則により一定に保たれる。

流体が東西に動く場合を考えてみよう。この状況で、柱の高さが低くなったとする。ポテンシャル渦度は一定だから、「相対渦度＋惑星渦度」も小さくなるはずだ。いまは惑星渦度が変わらない状況を考えているので、相対渦度が小さくならなければならない。つまり、この流体は柱の高さが低くなることで、やはり時計まわりの渦成分を獲得することになる。

わたしたちが注目したいのは、大気の柱の動きにともなう相対渦度の変化だ。相対渦度は、分母の柱の高さが変わらずに惑星渦度が大きくなっても、惑星渦度が変わらずに柱が縮んで柱の高さが低くなっても、いずれの場合も小さくなって時計まわりの渦成分がこの柱に加わる。

この大気の柱が北半球にあるとすれば、それが北に動くことと柱が縮むことは、相対渦度にとってはおなじ効果をもつということだ。

これが、東に吹く偏西風が山を越えるとき、南北に蛇行を始める原因になる。そこに話を進めよう。

■山を登る偏西風は南に下がる

これからの説明では、イメージがわきやすいように、北半球を想定しよう。話を簡単にするため、南北にまっすぐ延びた山脈を考える。これに、西から東に向かって吹いてきた偏西風があたって乗り越える。

西からきた偏西風は、まず山の斜面を上る。そのとき「大気の柱」は、山脈の頂上に近づきながらどんどん縮まる。

ここで「ポテンシャル渦度の保存則」だ。大気の柱は、東に進みながら縮む。東に進むのだから惑星渦度は変わらないが、柱が縮むことが相対渦度に影響する。さきほど説明したように、柱が縮めば、相対渦度はそのぶん減少する。つまり、時計まわりの渦成分を得る。

東向きの流れに時計まわりの渦が加わると、流れの道筋はどう変化するだろうか（図6－2）。第5章で説明したように、西から東にまっすぐ流れる一様な「基本流」に、時計まわり・反時計まわりと順に東西に並ぶ渦の列を重ねると、流れは蛇行流になる。いまの場合、西から来た大気は山の斜面を上りながら時計まわりの渦成分を得ることになるので、東向きにまっすぐだった大気の流れは、時計まわりにねじられる。その結果、流れは進行方向のやや右向きに、つまり南の方向に変わる。蛇行の始まりだ。

北半球の高気圧では、時計まわりの風が吹いている。したがって、西からの流れが南向きに蛇行を始めるということは、すなわち、そこに高気圧的な風の流れが生まれるということだ。山の

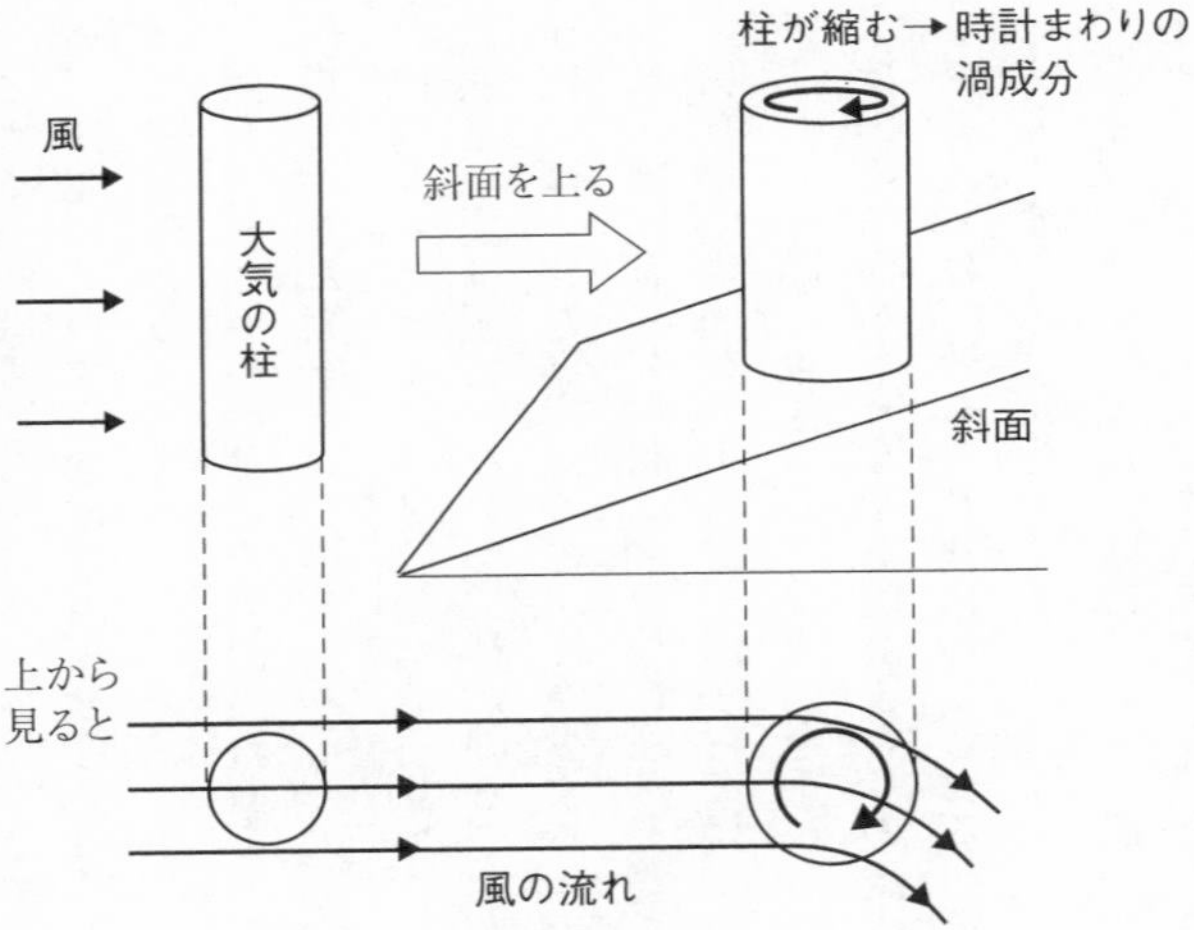

図6-2　柱が縮むと流れは南向きに

西から吹く風が斜面を上ると、大気の柱は縮んで時計まわりの成分を得る（図6-1参照）。これが、もともと吹いている西風に加わると、流れは南の方向にずれる

風上側には、高気圧の渦が発生するわけだ。

この流れが山脈を越えると、こんどは大気の柱が斜面を下りながらしだいに伸びていくので、反時計まわりの低気圧的な渦成分を得る。そのため、流れはやや北方向に進路を変える。山脈の西側斜面を上りながら南に蛇行した流れが、こんどは東側斜面を下りながら北上するわけだ。

東に流れつつ北に向かうこの大気は、斜面を下りきって平地になったあと、いつまでも北へ北へと向かうわけではない。平地を動く大気の柱は伸縮しない。したがって、柱の伸縮による相対渦度の変化はない。一

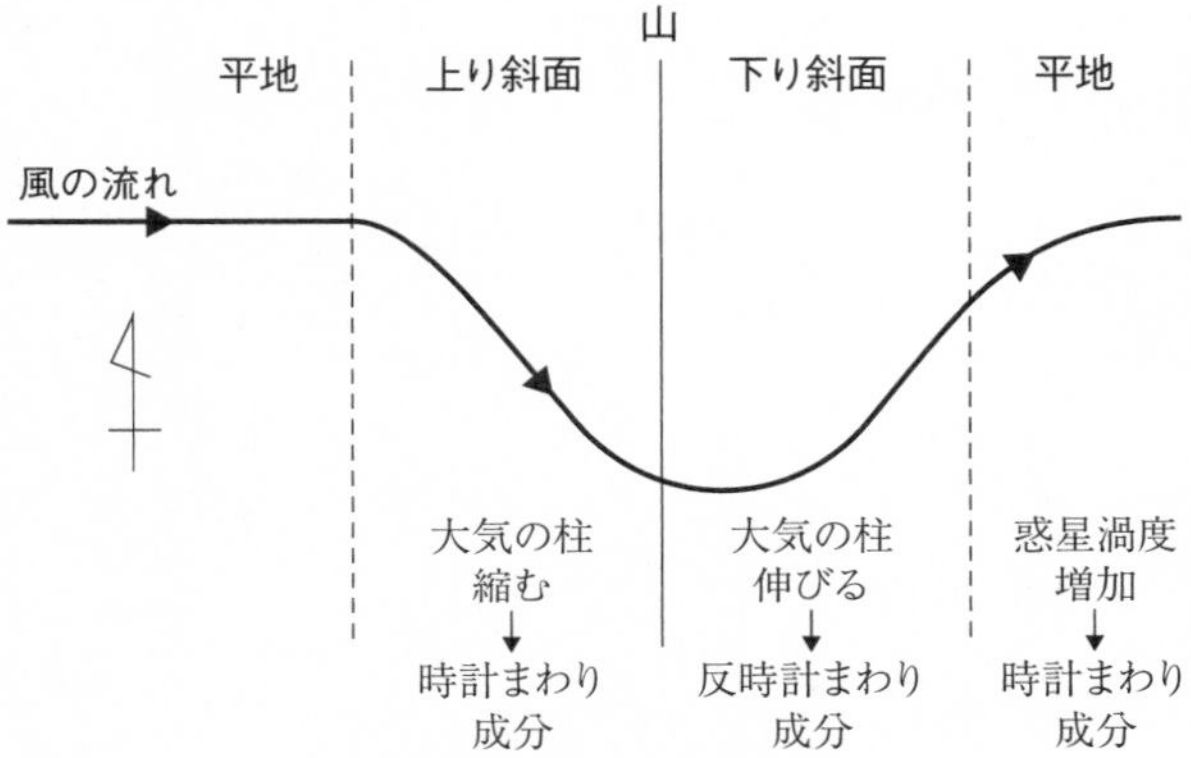

図6-3　山を越えると蛇行が生まれる

山を越える西風の道筋を上から見たイメージ図。山の斜面では大気の柱の「伸び縮み」が、山を越えたあとは「惑星渦度」の増加が「相対渦度」の増減に影響を与える

方で、北へ向かえば「惑星渦度」が大きくなるので、ポテンシャル渦度が保存されるためには、相対渦度は減少しなければならない。すなわち、時計まわりの高気圧的な成分を得ることになる（図6－3）。

西から吹いてきた偏西風の道筋を、もういちど上流から確認しておこう。この偏西風が南北に延びる山脈を越えるとき、風上の西斜面では高気圧的な渦、風下の東斜面では低気圧的な渦、その東の平地では高気圧的な渦が並んでいる。

東西に並ぶ高気圧的、低気圧的な渦が東向きの基本流に重なり、実際の大気の流れは蛇行のパターンになる。これはまさに第5章で説明したロスビー波だ。偏西風が山を越え、その際に大気の柱が伸び縮みすることがきっかけとなってロスビー波が生まれた。

こうして発生したジェット気流の蛇行が、定常ロスビー波としてその場にとどまるかどうかは、蛇行の波長と東向きの基本流の速さとのかねあいで決まる。とどまっている場合、ロスビー波が西に進むスピードは波長が長いほど速いので、基本流が速い冬場のほうが、蛇行の波長は長くなる傾向にある。

冬の偏西風帯では、ユーラシア大陸中央部のチベット高原が生むロスビー波により、日本付近でジェット気流が南に蛇行して気圧の谷になっていることが、しばしばある。ジェット気流は北側の冷たい空気と南側の暖かい空気の境目を流れるので、ジェット気流が南下すれば、それはすなわち冷たい空気が南下することでもある。しかも、ジェット気流が南に向かって吹く部分では、北の冷たい空気が南に運ばれる。寒気が南下するのだ。

北米大陸の西部を南北に走るロッキー山脈でも、同様の現象が生まれる。その結果、ワシントンやニューヨークがある北米大陸東岸は気圧の谷におおわれやすく、大西洋をまたいだヨーロッパ近くは、気圧の尾根になりやすい。気圧の尾根では、南側の暖気が北に寄る。

たとえば、おなじ北緯40度付近でともに海岸に位置するポルトガルのリスボンと日本の秋田。1月の平均気温は、リスボンの11・6度Cに対し秋田は0・4度C。リスボンのほうが、はるかに暖かい。ヨーロッパ沖の大西洋には南から北大西洋海流が流れてきているという事情もあり、北にふくらむ偏西風の蛇行が、こうした暖かい空気をヨーロッパ西部に南から運んでいる。

■シルクロードテレコネクション

２０１８年の７月上旬、日本列島は豪雨に見舞われた。さきほど挙げた「平成30年7月豪雨」だ。６月28日から７月８日までの総降水量は、四国地方で１８００ミリ、東海地方で１２００ミリを超え、平年７月の２～４倍の雨量になるところもあった。

この豪雨が去ると、こんどは関東甲信地方などの梅雨が早めに明け、全国的な猛暑になった。関東や東北などでは、７月の平均気温が平年を３度Ｃ以上も上まわる地域が広がった。東日本の７月の平均気温は平年を２・８度Ｃも上まわり、７月としては１９４６年の統計開始以来の高温になった。

気象庁は翌月、異常気象分析検討会を開いて、その原因を調べた。

豪雨に関しては、停滞した梅雨前線に南と南西から多量の水蒸気が送りこまれていた。また、朝鮮半島付近にあった気圧の谷で、水蒸気の流入が強化されたのだという。

猛暑になったのは、東方から日本列島付近をおおう太平洋高気圧に加えて、その上空に大陸から東に張り出したチベット高気圧が重なったためだ。

では、なぜそうなったのか。その一因として指摘されたのが「シルクロードテレコネクション」だ。

さきほど説明したように、テレコネクションというのは、遠く離れた地点で、気圧や気温、降水量などが互いに関係をもって変化する現象だ。たとえば、ある場所が高気圧におおわれているとき、ある別の場所は低気圧になっていることが多い。その季節にしては例外的に高い気温が続いた地域があるとき、遠くの別の地域では、たいてい低温になっている。そういう関係だ。

こうしたテレコネクションは地球上のきまった場所に特定のパターンとして現れることが多く、これをテレコネクションパターンとよぶ。山岳や海陸分布のような地形によってパターンの発生場所が固定されていることが多い。シルクロードテレコネクションも、そうしたパターンをもっている。

シルクロードテレコネクションの典型的なパターンは、夏のユーラシア大陸に現れる。北緯40度付近を西から東に流れる亜熱帯ジェット気流が蛇行する。この蛇行は、これまでに説明してきた定常ロスビー波がつくるものだ。

ここで、ジェット気流について、もうすこし詳しく説明しておこう。

ジェット気流には2種類ある。30～40度くらいの中緯度上空を吹く亜熱帯ジェット気流と、60度くらいの高緯度上空にみられる寒帯前線ジェット気流だ。

亜熱帯ジェット気流で風速が大きいのは、高度十数キロメートルのあたり。対流圏とその上の成層圏の境目にあたる。高度がそれより上でも下でも風は弱まる。

亜熱帯ジェット気流は安定していて、強い弱いの差はあれ冬でも夏でも地球を取り巻くように流れているのに対し、寒帯前線ジェット気流は流れているうちにとぎれてしまうことがあり、変動も激しい。

移動性の高低気圧を生むのは、寒帯前線ジェット気流。シルクロードテレコネクションに関係するのは、亜熱帯ジェット気流のほうだ。

■豪雨も猛暑もシルクロードテレコネクション

ユーラシア大陸の上空を吹く亜熱帯ジェット気流は、冬はチベット高原より南の低緯度を、夏は北上してチベット高原の北を流れるようになる。このジェット気流が、しばしば蛇行する。

2018年の夏もそうだった。気象庁が公表した説明資料によると、豪雨のあった7月上旬には、日本の東海上でジェット気流が北に蛇行していた。ジェット気流が北に蛇行すると、その部分の南側では高気圧的な風の流れが生まれる。これが太平洋高気圧を強化し、ふだんの7月に比べて、その西の端が日本列島に近づいた。その結果、高気圧の縁をまわって南から吹く風が、多量の水蒸気を西日本に送りこんだ（図6－4）。

また、このジェット気流は朝鮮半島付近で南に蛇行しており、気圧の谷をつくっている。第5

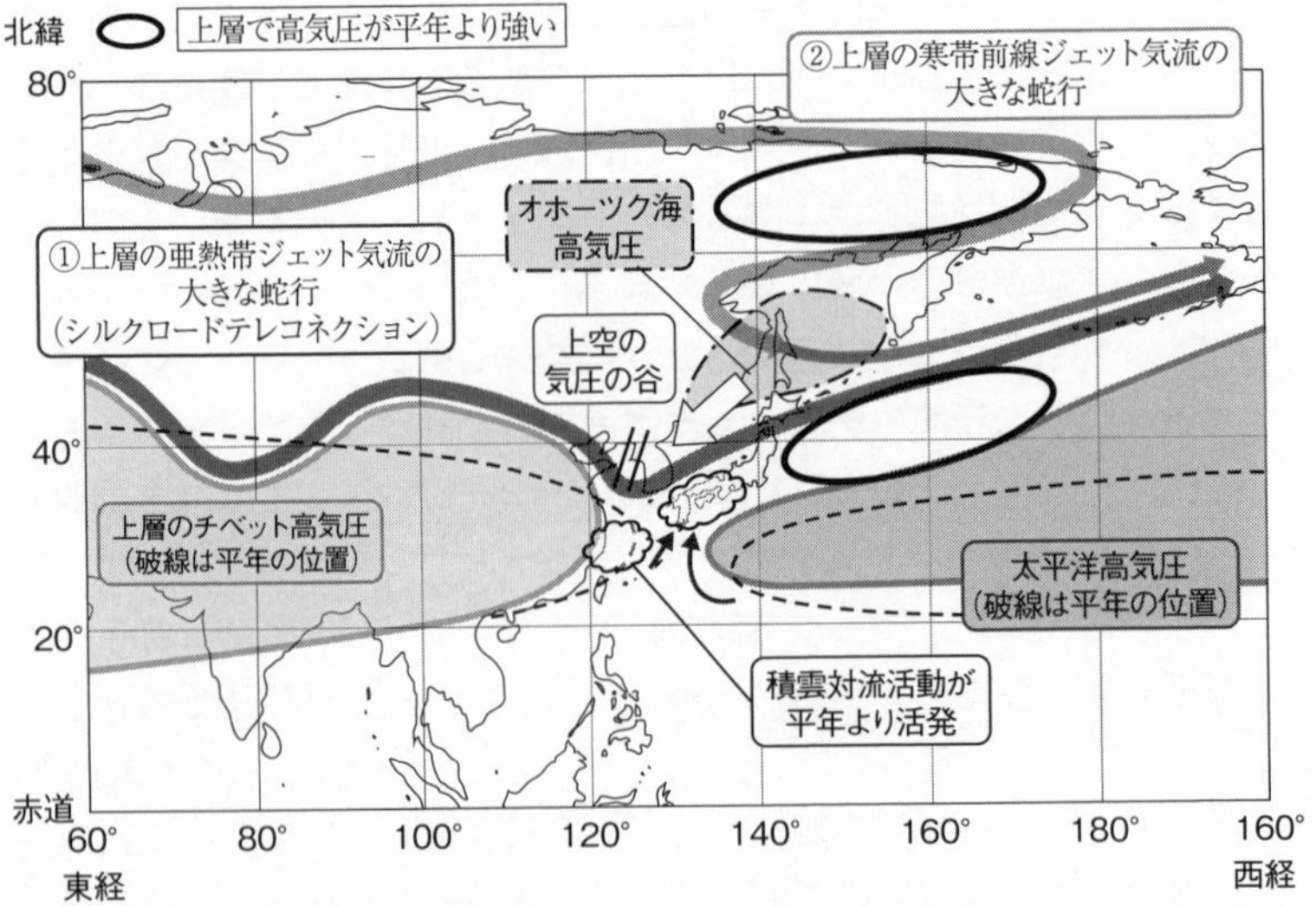

図6-4　記録的な大雨とシルクロードテレコネクション

2018年7月上旬、西日本を中心に降った記録的な大雨について、その原因を説明する気象庁のプレスリリースに掲載された図。シルクロードテレコネクションをもたらす亜熱帯ジェット気流が日本列島の西方で南に蛇行し、その微妙な位置関係が大雨をもたらした

章で触れたように、気圧の谷の東側では上昇気流が発生して天気が崩れやすい。このように、亜熱帯ジェット気流の蛇行が、日本列島に豪雨をもたらしやすい状況を生んでいた。

猛暑についても、亜熱帯ジェット気流の道筋が関係している。7月中旬以降、ジェット気流は日本付近で北に蛇行したため、日本列島はその南側に入った。この季節、ユーラシア大陸を流れる亜熱帯ジェット気流の南側には「チベット高気圧」とよばれる高気圧がある。ジェット気流の蛇行によって、ふだんとは異なり、このチベット高気圧が日本列島付近をおおうことになった。

チベット高気圧は、すこし変わった高気圧だ。夏の強い日差しがチベット高原を照らすと、地面の温度が上昇してその上の空気が暖められる。その結果、空気は膨張して、上空の気圧は周囲より高まる。こうしてできるのがチベット高気圧だ。

ただし、チベット高原の平均高度は4500メートルもある。これは対流圏のまんなかにあたる高さだ。したがって、チベット高気圧ができるのは対流圏の上部からその上の成層圏にかけてだ。これが日本列島をおおった。

夏の日本列島は、東から太平洋高気圧がおおっている。それより高い位置を、西からチベット高気圧がおおった。ふたつの高気圧が上下に重なり、これで安定した晴天が続いた（図6－5）。

さらに、このときはフィリピン付近の海面水温が高くなっていて、上昇気流が活発だった。そ

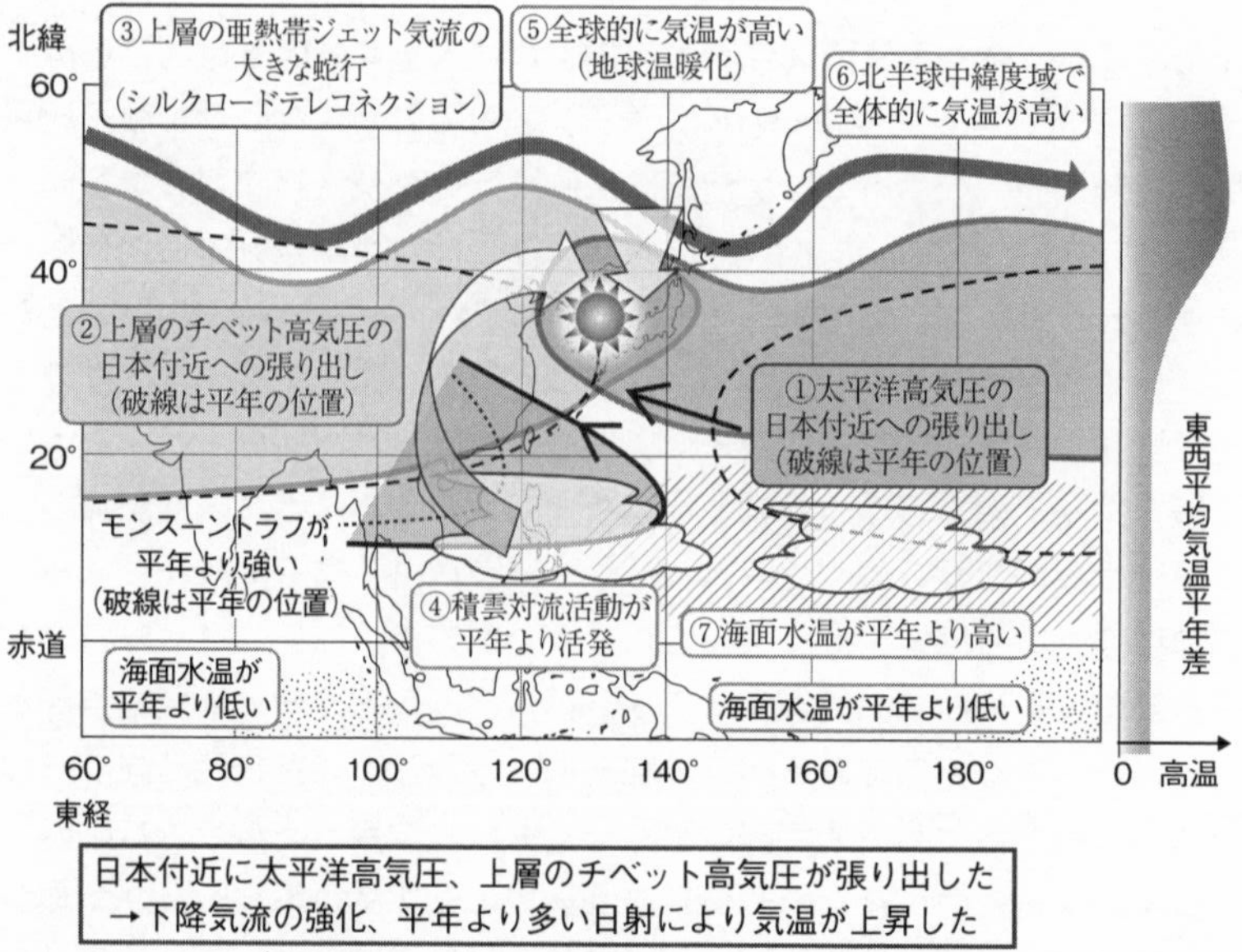
北緯
60°
40°
20°
赤道
60°
80°
100°
120°
140°
160°
180°
東経
③上層の亜熱帯ジェット気流の大きな蛇行（シルクロードテレコネクション）
⑤全球的に気温が高い（地球温暖化）
⑥北半球中緯度域で全体的に気温が高い
②上層のチベット高気圧の日本付近への張り出し（破線は平年の位置）
①太平洋高気圧の日本付近への張り出し（破線は平年の位置）
モンスーントラフが平年より強い（破線は平年の位置）
④積雲対流活動が平年より活発
⑦海面水温が平年より高い
海面水温が平年より低い
海面水温が平年より低い
東西平均気温平年差
0
高温
日本付近に太平洋高気圧、上層のチベット高気圧が張り出した
→下降気流の強化、平年より多い日射により気温が上昇した

図6-5　猛暑とシルクロードテレコネクション

2018年7月中旬以降の記録的な高温の原因を説明する気象庁のプレスリリースに掲載された図。シルクロードテレコネクションが、チベット高気圧や太平洋高気圧の位置と深く関係していることがわかる

の場合、日本付近では下降気流が生まれやすく、太平洋高気圧が日本にかかる部分を補強することになる。フィリピン付近と日本付近にみられるこの関係もテレコネクションの一種で、「ＰＪパターン」とよばれている。Pacific（太平洋）のＰと、Japan（日本）のＪだ。

２０１８年７月の豪雨も猛暑も、上空を流れる亜熱帯ジェット気流の蛇行と深く関係していた。蛇行の位置がすこしずれるだけで、日本の天候は大きく変わる。場合によっては異常とも感じられる極端な天候をもたらすこともある。

■ジェット気流の蛇行と異常気象

２０１８年７月は、世界の各地で異常な高温になった。ユーラシア大陸だけみても、地中海の東側からチベット、さらには中国から日本まで、北緯40〜50度に沿うように高温の帯が東西に延びていた。

こうした高温域の多くが、亜熱帯ジェット気流が北に蛇行していた部分に重なっている。ジェット気流の南側は暖かい空気になっているうえ、北に蛇行している部分の南側は高気圧になっている。平年より強い高気圧におおわれていたわけだ（図６－６）。

このときは、寒帯前線ジェット気流もヨーロッパ北部で北に蛇行し、ヨーロッパ中部からスカンジナビア半島にかけての地域が異常高温に見舞われた。

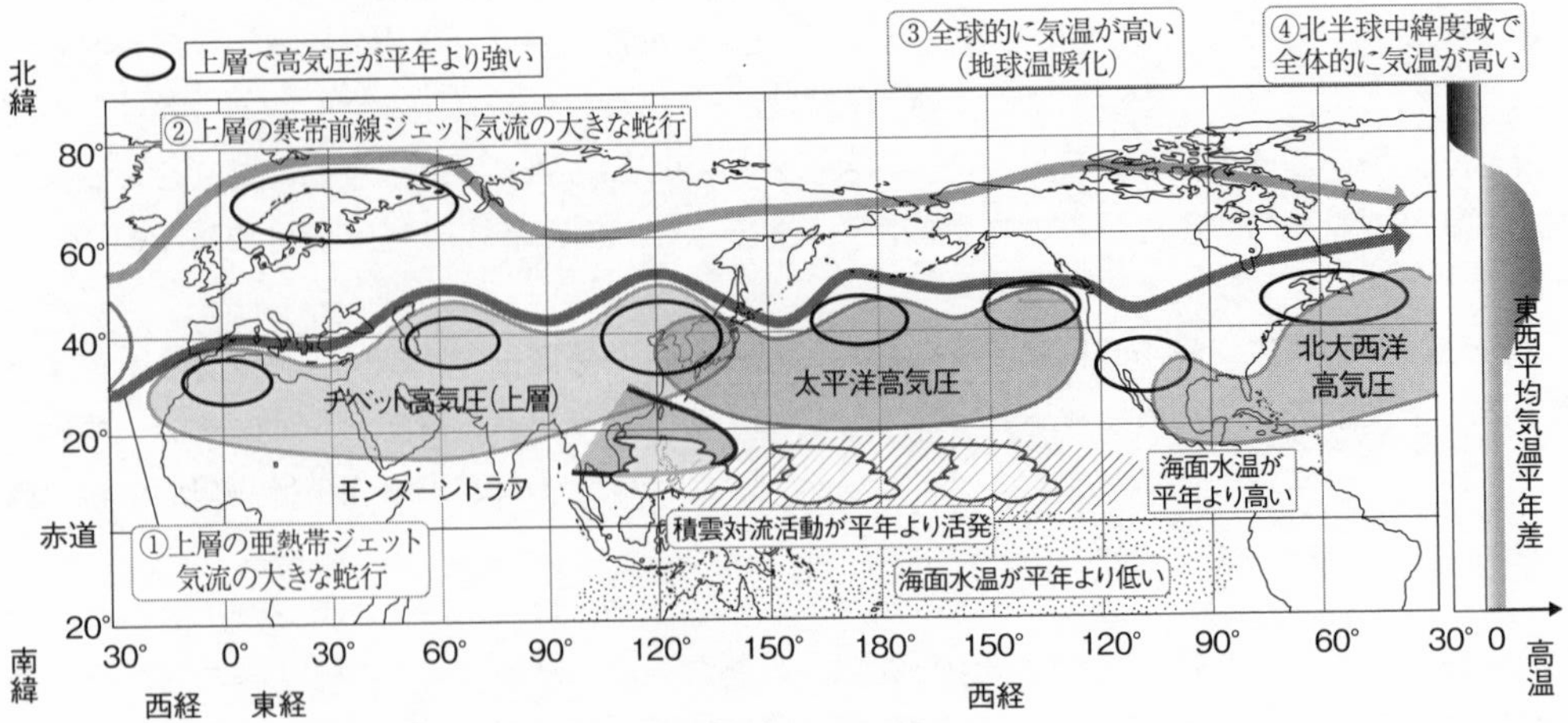

図6-6　北半球の猛暑とシルクロードテレコネクション

2018年7月に北半球各地に猛暑をもたらした大規模な大気の流れとして、亜熱帯ジェット気流の大きな蛇行（シルクロードテレコネクション）が挙げられているジェット気流の蛇行は、異常気象をもたらす大きな要因のひとつといってよい。ただし、ここでふたつの点に注意しておきたい。

ひとつは、さきほども指摘したのだが、シルクロードテレコネクションを始めとするジェット気流の蛇行や、それにともなう天候の異常は、ロスビー波だけで説明できるわけではないという点だ。

2018年7月の豪雨は、梅雨のさなかに発生した。そもそも梅雨は、季節によって風向きが変わるアジアのモンスーンと深い関係がある。

とくに南アジアから東南アジアにかけてのモンスーンは規模が大きくはっきりしている。夏には南半球から赤道を越えて南西の風がインドなどの大陸に吹きつけ、冬は逆に大陸からインド洋に向かう風になる。中国から日本にかけての梅雨も、その一環として成立している。

したがって、ジェット気流がロスビー波の性質を帯びて蛇行するといっても、それがこの一帯の天候を決めるわけではない。モンスーンをはじめとする基本的なしくみで天候の枠組みができあがり、そこにジェット気流の蛇行が加わる。このジェット気流がなんらかの原因でふだんと違う挙動を示せば、それに応じて、ふだんと違う天候が出現する。それが豪雨だったり猛暑だったりするわけだ。

ジェット気流と天候の関係でもうひとつ注意しておきたいのは、ジェット気流が原因で、その結果としてチベット高気圧や太平洋高気圧の位置や張り出し具合が例年と変わるのではないという点だ。

図6－6からもわかるように、亜熱帯ジェット気流はチベット高気圧や太平洋高気圧の北の縁になっている。おなじものをジェット気流とみるか高気圧の縁を吹く風とみるかの違いだ。両者には因果関係があるのではなく、さまざまな要因で決まった現実の気象を、違う角度からみていることになる。

ジェット気流について、「上空のジェット気流が蛇行しているので……」というように、寒波や異常高温の原因をジェット気流に求める説明をよく聞く。状況としてはジェット気流は蛇行しているのだろうが、それはほんとうに「原因」なのか？　むしろなにかの「結果」として蛇行しているのであって、寒波などのほんとうの原因は別のところにあるのではないか。

気象は、あることが原因となって結果を生み、その結果が原因にフィードバックされることがごくふつうに起こる複雑なシステムだ。どちらが原因でどちらが結果なのか判別しにくい現象も多い。これは繰り返し指摘してきた。

因果関係という考え方は、出来事の原因を知りたくなるわたしたちの好奇心になじみやすい。話を進めるうえで便宜的に因果関係的な言い方をすることもあるだろうが、気象をさらに深く理解しようとするなら、それが状況の説明なのか因果関係なのか、その区別に注意したほうがよい。原因の探求が無意味だというのではない。それを望むなら、こうした点をよく意識したうえで慎重に原因を探っていこう。

■チベット高原がなければ梅雨もない

チベット高原が日本の天候に大きな影響を与えることを端的に物語る研究がある。「もしチベット高原がなければ、日本に梅雨は訪れない」というのだ。２０２１年のノーベル物理学賞を受賞した真鍋淑郎さんや気象研究所の研究者などが、気候におよぼすこうした山岳地形の影響を、コンピューターによるシミュレーションでそれぞれ調べている。

コンピューター・シミュレーションの大きな利点は、現実にはありえない状況を調べられることだ。ひとつには、まだ見ぬ将来を予測すること。地球温暖化の進行予測がその好例だ。もうひとつが、「もしチベット高原がなかったら」というような、非現実的な前提のもとでなにが起こるかを調べられることだ。これにより、チベット高原の役割をあきらかにすることができる。

この話に入るまえに、亜熱帯ジェット気流と梅雨の関係について説明しておこう。

さきほど触れたように、ユーラシア大陸上空の亜熱帯ジェット気流は、冬はチベット高原の南側を流れ、季節の進行とともに北上して夏はチベット高原の北を流れるようになる。梅雨のころはその中間で、ジェット気流がヒマラヤ山脈やチベット高原に西からあたって、南北に分かれる。そして、はるか東の太平洋上で合流する。

北に分かれたジェット気流はチベット高原の北を通って東に流れ、それが元の位置に戻るように大きく蛇行する。朝鮮半島のあたりでは南に蛇行して気圧の谷をつくり、その東で北に蛇行した部分の南側には高気圧ができる。これがオホーツク海高気圧だ。

このオホーツク海高気圧は、湿っていて低温だ。この時期、日本の東方では湿っていて高温の太平洋高気圧が勢いを増してきている。その異なる空気の境目にあたるのが、東日本の梅雨前線だ。つまり、東日本の梅雨は、ふたつの空気の温度差がつくるといってよい。

一方、西日本の梅雨は、これとは違う。中国のあたりにある乾燥した暖かい空気と、太平洋高気圧から流れてくる湿った暖かい空気がぶつかってできる。ふたつの空気の湿度差が特徴的な梅雨だ。

さて、シミュレーションの話に戻ろう。気象研究所の鬼頭昭雄《きとうあきお》さんが2004年に公表した論文では、大気の変化が海洋の変化を引き起こし、それがまた大気に影響を与える過程を再現できる「大気海洋結合モデル」という数式群を使ってシミュレーションをおこなっている。世界にはチベット高原やロッキー山脈など、大気の動きに影響する大規模な山岳地形がいくつもある。それらがまったくない場合、高さを現実の2割、4割と増やしていった場合について、アジアの6～8月の天候にどのような変化が起こるかを調べた。

その結果、もし山岳がなければ、降水の多い地域は、赤道から北緯10度あたりの低緯度をインド洋から太平洋西部にかけて帯状に広がるだけだった。日本付近の降水量は、とくに多くない。日本に梅雨が訪れないのだ。山を高くしていくとユーラシア大陸の東部で雨域が南から北に広がっていき、山の高さが現実の6割になると、台湾や西日本にも降水帯がかかるようになった。

日本の気候は、5000キロメートルも西にあるチベット高原の影響を、たしかに受けているのだ。

■フィリピンと日本をつなぐPJパターン

地球規模の大きな高気圧的な渦と、低気圧的な渦が交互に並ぶ。ロスビー波がもつこの特徴を示すテレコネクションは、シルクロードテレコネクションのほかにも知られている。さきほど触れた「PJパターン」も、そのひとつだ。

シルクロードテレコネクションは、ジェット気流という強い風が主役なので、その姿は、気流の蛇行というわかりやすい形をとった。これに対して、これからお話しするPJパターンは、そうした強風帯にあるわけではなく、観測されたデータを分析すると、高気圧的な渦と低気圧的な渦が並んでいる。そういう現象だ。

PJパターンは、夏の日本の天候に影響を与えるテレコネクションだ。はるか南方のフィリピ

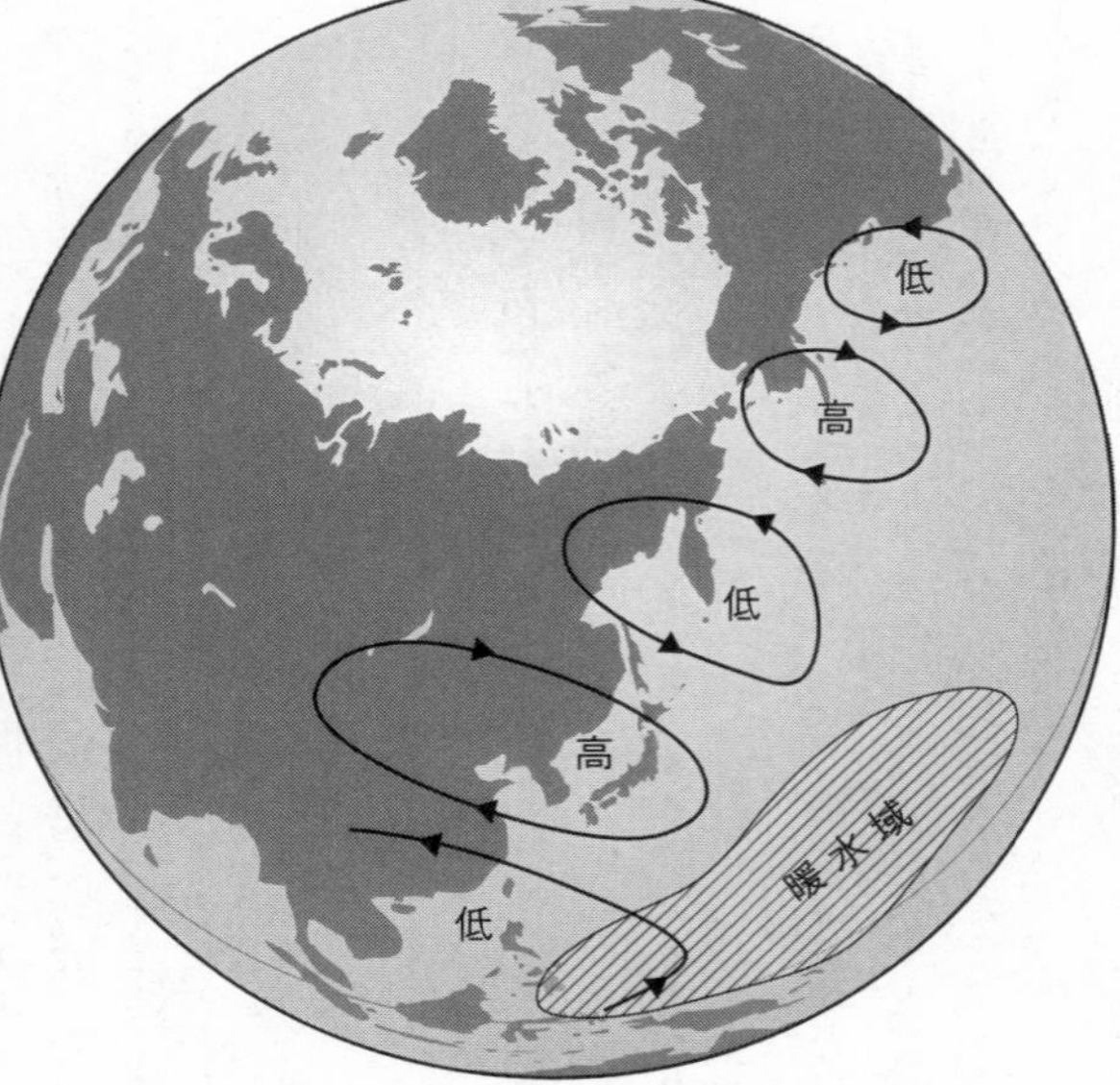

図6-7　PJパターンの模式図

フィリピン近海の海面水温が例年より高いラニーニャ時に発生しやすいパターン。例年に比べて「高」は気圧が高く、「低」は気圧が低い

ン沖で積乱雲を生む対流の活動が、日本からアリューシャン列島にかけての天候を左右する。

太平洋赤道域の西部にあたるフィリピン沖の海水温が例年より高くなり、さかんに上昇気流が生まれると、その一帯はふだんより気圧が低くなる。この低圧部の北には高圧部ができる。日本列島は、この高圧部におおわれることになる。そして、さらにそのさきには、こんどは低圧部ができている。高気圧的な渦と低気圧的な渦が交互に並ぶロスビー波の形だ（図6－7）。

夏の日本列島は太平洋高気圧におおわれている。それにPJパターンの高圧部が重なると、夏の高気圧が強化されることになる。日本列島は、例年より暑い夏になりがちだ。

フィリピン沖の海面水温が高くなるのは、太平洋赤道域に「ラニーニャ」が発生しているときだ。たしかに、ラニーニャが発生していると日本の夏は暑くなることが多い。フィリピン沖の上昇気流を強化するのはラニーニャだけではないが、こうしたしくみを通して日本に暑い夏がもたらされている可能性は、おおいにある。赤道域の異変が、テレコネクションではるか遠くの日本にまで伝わるわけだ。

■ロスビー波は真西でなくても伝わる

ロスビー波は西向きに動く。東には伝わらない。これまで、そう説明してきた。この点について、もうすこしお話ししておきたい。

いまお話ししたPJパターンの発生源はフィリピン付近だ。そこから日本を経てアリューシャン列島にまでパターンが続いている。日本はフィリピンの北方にあるし、アリューシャン列島は日本の北東にある。高圧部と低圧部の並びは東西方向ではないのに、これをロスビー波だと考えてよいのだろうか？

これまでは、話を簡単にするために、ロスビー波は西に進むと説明してきた。じつは、この言い方は正確ではない。ロスビー波が伝わる向きは真西だけではない。北西向きであろうと南西向きであろうと、西方向になら進む。逆に、北東や南東といった東のほうには進まない。いまここにロスビー波の発生源があったとき、そこからみて西半分には進みうるが、東半分には進まないということだ。ロスビー波のパターンはきっちり東西に並ぶとはかぎらない。

こうして西のほうに進むロスビー波が、それとちょうど逆向きの基本流とバランスすると、高圧部と低圧部の列が並んで居すわる定常ロスビー波のパターンが生まれる。ＰＪパターンが夏に発生するのはそのためだ。夏になると太平洋高気圧は強くなり、その北側を西から東に吹く偏西風も勢いを増す。この風がロスビー波を乗せる基本流となり、ＰＪパターンが安定してその位置にとどまることになる。

もうひとつ指摘しておきたいことがある。

シルクロードテレコネクションにしてもＰＪパターンにしても、これをロスビー波としてみたとき、それぞれ山岳地形や上昇気流域といった発生源の東側に渦列が発生している。ロスビー波は西に進む波なのに、なぜ東側に渦列が生まれるのだろうか。

これには、定常ロスビー波がもつ基本的な性質が関係している。ロスビー波の渦列は、たしかに基本流に対して西に進む。しかし、ロスビー波の渦列が存在している領域は東に延びていく。

これまでなにもなかった東のほうにロスビー波が存在するようになるのだから、ロスビー波が東向きにエネルギーを運んだことにもなる。

このすこしややこしい西向き、東向きの違いは、物理の言葉で「位相速度」「群速度《ぐんそくど》」とよばれている。波のパターンが移動する速度が位相速度で、パターンの存在する領域が移動する速度が群速度だ。

位相速度と群速度の別は、ロスビー波にかぎらず、波が一般的にもっている性質だ。たとえば、海上を強い風が吹いたとき海面に生まれる「うねり」という波。うねりをつくる水面の高低はある一定の速度で進んでいく。これはうねりの位相速度。だが、うねりが発生している海域は、この位相速度で動いていくのではない。それより遅い群速度でうねりの群れとして移動していく。

位相速度と群速度の関係は、感覚的にはわかりにくい。波を表す方程式を解くとこのふたつの速度がでてきて、実際の波を観測してみると、たしかにそうなっている。ブルーバックスの『謎解き・津波と波浪の物理』では、もうすこし詳しく説明しておいた。

■エルニーニョの影響も遠くにおよぶ

ラニーニャと同様に太平洋赤道域に発生する「エルニーニョ」の影響が遠くにおよぶテレコネ

クションが「PNAパターン」だ。Pacific（太平洋）のPと、North America（北米）のNAだ。北半球の冬によく現れる。

太平洋の赤道域では、海面水温が西で高く、東で低くなっている。したがって、西のフィリピン沖などでさかんに上昇気流が生まれ、雨がよく降る。この東西の差が小さくなるのがエルニーニョで、上昇気流域は本来の位置から東にずれる。赤道域で発生するこの現象の影響が、テレコネクションで北米大陸にまで伝わる。

PNAパターンでは、ふだんに比べて気圧の高い領域が、北太平洋の日付変更線のあたりを中心に、赤道から北緯30度くらいまでの低緯度を広くおおう。それより北のベーリング海付近には低圧部がみられ、さらに北東のカナダのあたりに高圧部、そしてその南東側の北米大陸東岸に低圧部が現れる。北太平洋どまんなかの低緯度海域から北米大陸まで、弧を描くようにロスビー波の高圧部と低圧部が交互に並ぶ（図6－8）。

このとき、ベーリング海付近にあるアリューシャン低気圧が強化されて、アメリカ中西部に南から湿った風が流れ込みやすくなり、雨が多くなって洪水を引き起こすこともある。大陸東岸では寒気が南下しやすくなる。赤道域の異変がロスビー波を介して地球規模で伝わるわけだ。

これまでお話ししてきたような中緯度のロスビー波が主役となるものではないが、もっとも古くから認められてきた有名なテレコネクションがある。太平洋の赤道沿いの海域でみられる「南

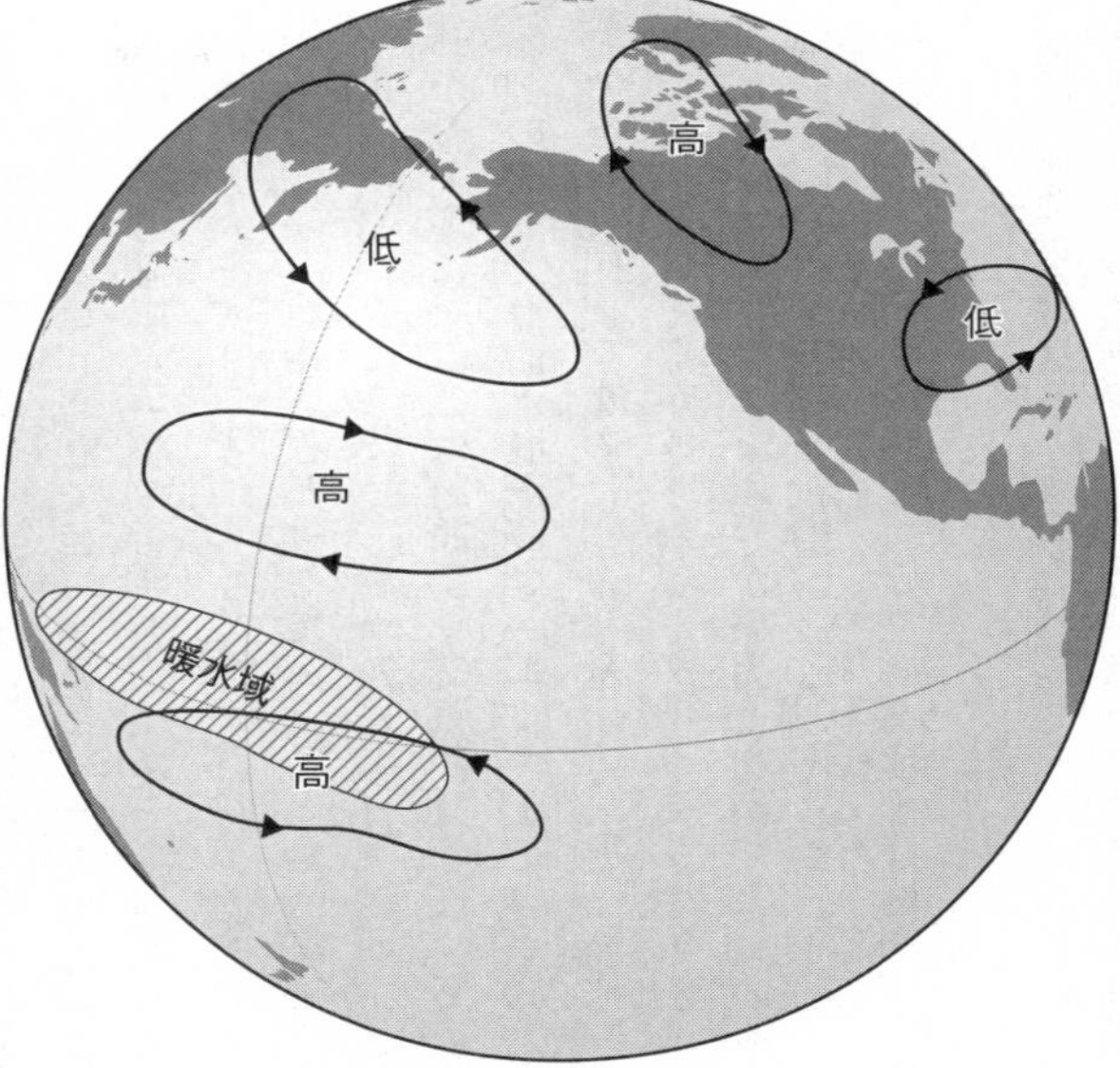

図6-8　PNAパターンの模式図
赤道太平洋の高水温域が例年より東にずれるエルニーニョ時に発生しやすいパターン。例年に比べて「高」は気圧が高く、「低」は気圧が低い。いちばん南の「高」は南半球にあるため、渦の巻き方が北半球とは逆になっている

方振動」とよばれるテレコネクションだ。

このテレコネクションが結ぶふたつの地点は、オーストラリア北端のダーウィンと、そのはるか東方にあるタヒチ島。日付変更線を挟んで1万キロメートルも離れたこの2点の気圧が連動している。ダーウィンの気圧がふだんより高い年にはタヒチ島では低く、その逆もまたしかりだ。それが数年ごとにシーソーのように逆転する。気象デー

タの統計的な分析により、1920年代から知られていたテレコネクションだ。

この南方振動は、現在では「エルニーニョ南方振動（ENSO＝エンソ）」とよばれるのがふつうだ。赤道海域のエルニーニョ、ラニーニャと大気が結びついて一体となった現象であることがわかったからだ。ひとつの現象を海洋の側からみるとエルニーニョやラニーニャであり、それが大気の側からは南方振動としてみえるということだ。

海水温が高いところでは、さかんに上昇気流が生まれる。周りから空気が集まってくることからわかるように、ここは周囲より気圧が低くなっている。太平洋の赤道海域では、フィリピン付近などの西部で海面水温が高い。エルニーニョが発生すると、それが東のほうに移動する。気圧でみると、低圧部が東のほうに移動する。その結果、低圧部が近づいてきたタヒチ島の気圧が下がる。逆に、低圧部が遠ざかったダーウィンの気圧は上がる。

エルニーニョやラニーニャが原因となって大気の流れが変わるだけでなく、逆に、エルニーニョやラニーニャの発生に赤道上を吹く風が深く関係している。エルニーニョ南方振動は、海洋と大気が一体となって影響しあうことを示す好例だ。

■気象予測とカオス

気象はたしかに複雑そうだが、その背景にある物理の法則はかなりわかってきた。コンピューターの性能もどんどんあがっている。この物理法則にもとづいてジェット気流の流れ具合をコンピューターで予測すれば、半年先、1年先の天候も推定できるのではないか——。

たしかに、そう思いたくもなる。だが、数日先の天気予報も当たるとはかぎらないのが現実だ。これは、気象には予測を拒む性質が備わっているからだ。

大気の流れを考えるうえで基本となる物理学は、自然現象を観察してその背後に潜む法則をみつける学問だ。その法則が正しければ、それを使って将来の状態を予測することもできるはずだ。そうした素朴な期待に冷水をあびせたのが、気象学者のエドワード＝ローレンツだった。

気象という自然現象の複雑さには二通りある。ひとつは、風の流れのような力学現象や熱による空気の膨張などの熱現象に、オゾン層の破壊などの化学現象が入り組み、そのうえ大気が接する境界も海あり陸のでこぼこありで一様ではないという複雑さ。もうひとつは、気象はそもそも「予測を拒む」という複雑さだ。つまり、大気は「カオス」の性質をもっている。ローレンツが1963年の論文で指摘したのは、こちらの複雑さだ。

2021年のノーベル物理学賞を受賞した真鍋淑郎さんらの業績を解説するスウェーデン王立科学アカデミーの資料には、不思議な図が載っている。まるで羽ばたいているチョウのようだ(図6－9)。

詳しい説明は省くが、ひとまずこれを、「ある物体が動いた軌跡」を描いたものと考えよう。

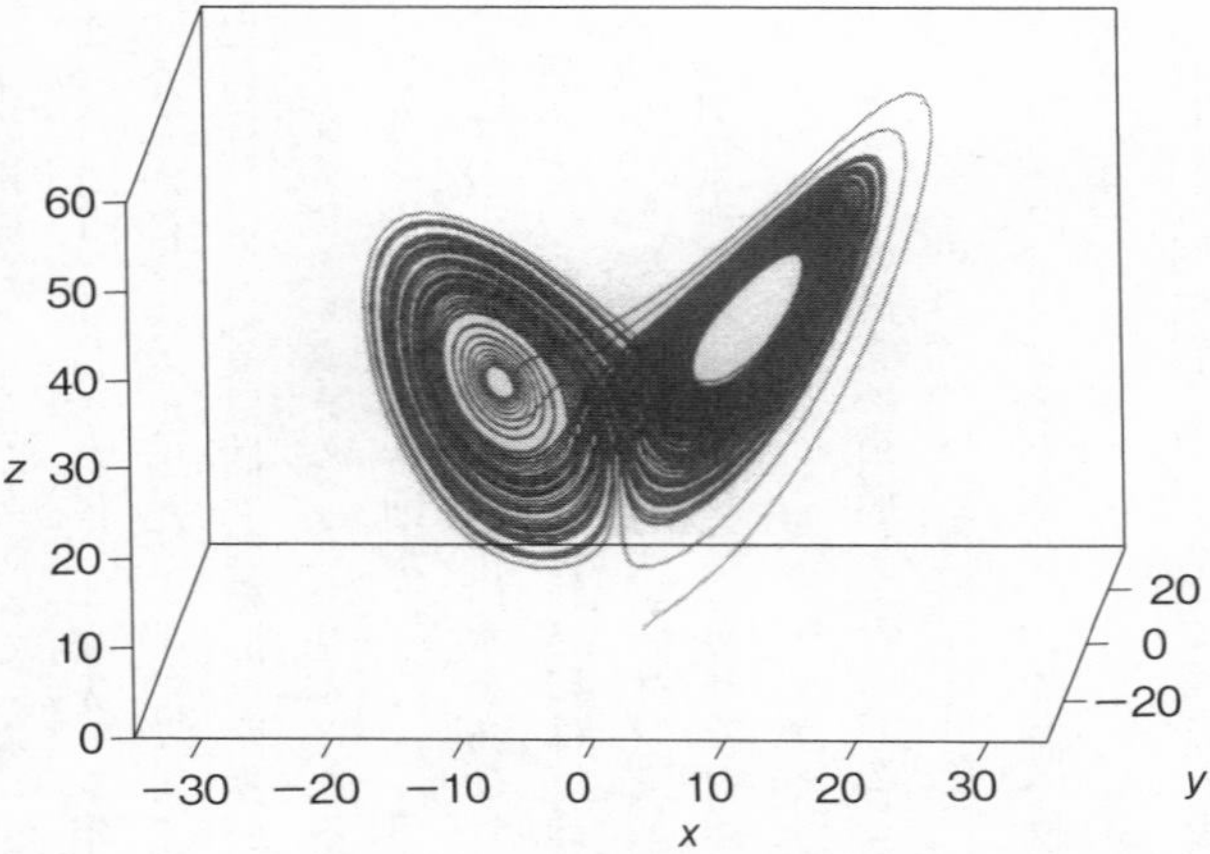

図6-9　大気のカオスを象徴する「チョウの羽」

2021年ノーベル物理学賞の授賞理由を説明するスウェーデン王立科学アカデミーの資料に掲載されている図。羽ばたいているチョウの羽のようだ。羽のそれぞれが、大気が実現しうる別々の「状態」に相当する

あるときは、チョウの片方の羽をグルグルまわって軌跡を描き、またあるときは、もう片方の羽をグルグルまわって軌跡を描く。そして、いつどんなときに片方からもう片方に移るかは、具体的に予測できない。予測を拒むのだ。

いま「物体がまわる」と説明したが、これをなんらかの「状態」とみてもよい。２種類の状態が存在するのだ。

たとえていえば、こういうことだ。かつて地球には、赤道まで氷に閉ざされた「全球凍結」の時代があったと考えられている。さきほどのチョウの図でいえば、片方の羽が現在の暖かい地

球の時代。気温はつねに変化するが、ともかくも「暖かい地球」の範囲での変化だ。そして、もう片方の羽が全球凍結の時代だ。あるとき、暖かい地球からまるで急にジャンプするようにこの状態に移り、こんどは「全球凍結」の状態で気温は変化しつづける。

それぞれの地球が存在しうるための条件はあるが、両方の地球が存在可能なとき、いつなにをきっかけに互いに移りあうかは予測できない。

■「初期値依存性」という大問題

この複雑さをはらむ現象には、もうひとつやっかいな側面がある。「初期値依存性」という問題だ。

たとえば、いまから1ヵ月後の大気の流れをコンピューター計算で予測するとしよう。計算のスタートは現在の状態で、これが「初期値」だ。だが、海洋を含めた全世界に細かく観測点が設置されているわけでもなく、初期値にはどうしても誤差が混じる。そして、そのわずかな誤差が計算結果の大きな違いにつながってしまう。気象というシステムは、そういう性質をもっている。これが初期値依存性だ。

大気の流れを計算するには、その動きを表す方程式を使って、時間とともに変化していく大気の状態を追えばよい。この方程式を使えば、現在の状態からスタートしてすこし先の状態がわかり、その状態からふたたびスタートして、さらにすこし先の状態がわかる。これを繰り返せば、将来の状態はこの方程式で完全に決めることができるはずだ。

それなのに、気象がもつ本来の性質としてこの初期値依存性があるため、現実にはほんのすこし先の将来しか予測できない。将来を決めるべき方程式がかりに完璧であったとしても、その将来が混沌《こんとん》として決まらない。そういうシステムを「カオス」という。

米ボストンで1972年末に開かれた全米科学振興協会の会合で、ローレンツは「ブラジルのチョウの羽ばたきはテキサスでトルネードを引き起こすか」という講演を行った。チョウの羽ばたきで生まれた、観測ではとらえようのないちょっとした空気の乱れが、遠方の大規模な現象を誘発するかもしれない。気象予測の初期値依存性を端的に表すタイトルだ。カオスの性質が象徴的に「バタフライ効果」とよばれるきっかけにもなった。

「カオス」と対になって「非線形性」という言葉もしばしば登場する。原因が2倍になれば結果も2倍になる単純なシステムや、それを表す方程式を「線形」という。そうでないシステムや方程式が「非線形」だ。

たとえば、天井からつるしたばねの下端におもりをつけ、わずかに上下させたときのおもりの動き。これは第3・4章でお話ししたニュートンの運動方程式で表すことができる。おもりを上下させる原因になるのは、重力とばねがおもりを引き上げる力。ばねが伸びればこの力は強く、縮んでいるときは弱い。この力はばねの伸びに比例する。伸びが2倍になれば、おもりを引き上げる力も2倍になる。こうした線形のシステムは、一般にカオスの性質をもたない。

大気や海水の動きを表す方程式は「ナビエ・ストークス方程式」とよばれ、ニュートンの運動方程式を流体に適用したものだ。動きの原因は、いまお話ししたばねのように単純ではなく複雑だ。線形ではないこうした非線形のシステムに特徴的なのがカオスの性質だ。

■カオスを逆手にとるアンサンブル予報

気象はカオスだ。初期値の誤差をゼロにすることは現実的には不可能なので、そこからスタートする気象予測なんて信頼できないのではないか？　長期にわたる気候の予測にしても、そこには日々の天気の変化のような小さなノイズが混じり、それが拡大して、結局は「真の姿」などつかみようがないのではないか……。

気象がもつこのカオスの性質を逆手にとって、天気予報にその「確からしさ」という情報まで加えて提供するのが「アンサンブル（集団）予報」という手法だ。気象庁は、あすの天気の予報、1週間先までの天気予報、長期の天候予測などに広く使っている。

いま述べたように、コンピューターで予測計算をスタートする際の初期値に誤差は避けられないし、計算過程で生まれる特有の誤差もある。だから、一度だけ計算したのでは、それが正しい

東京都の天気予報（7日先まで）									
2023年07月11日11時　気象庁　発表									
日付		今日 11日(火)	明日 12日(水)	明後日 13日(木)	14日(金)	15日(土)	16日(日)	17日(月)	18日(火)
東京地方		晴後曇	晴時々曇	曇時々晴	曇	曇時々晴	晴時々曇	晴時々曇	晴時々曇
降水確率(%)		-/-/20/30	10/10/20/20	30	40	30	20	20	20
信頼度		-	-	-	C	A	A	B	B
東京気温(°C)	最高	36	36	35 (32～36)	32 (30～35)	34 (31～36)	35 (33～37)	36 (34～38)	35 (32～38)
	最低	-	26	26 (24～27)	25 (23～27)	25 (23～27)	25 (23～27)	25 (23～27)	26 (23～28)

図6-10　信頼度つきの週間天気予報

気象庁が2023年7月11日午前11時に発表した東京都の週間天気予報。予報の信頼度が、アンサンブル予報の結果にもとづきA、B、Cの3段階で示されている

かどうかわからない。

　アンサンブル予報では、初期値がわずかに異なる複数の計算を行う。観測データをもとにした初期値のほか、これくらいなら誤差としてありうるだろうというわずかなずれをわざと与えた初期値をいくつもつくり、それらを使って個々に計算する。

　気象にはカオスの性質があるので、たとえば台風の進路予測は、それぞれの計算でかなり違ってくる。そのとき、個々の計算結果がそんなにまちまちにならない場合と、かなりばらばらな場合がある。3日後、1週間後の天気などについても、事情はおなじだ。計算の起点となる現在の大気の状態に、とても敏感な場合とそうでもない場合があるわけだ。

　個々の計算結果にばらつきが小さければ、きっとこの予測は当たるだろう。逆にばらつきが大きいなら、予測は外れる可能性が高い。いずれの場合でも計算結果の平

均をとれば予測はひとつに決まるが、そのとき、計算結果のばらつきを考慮することで、その予測の信頼度も有益な情報として加えることができる。

気象庁が発表する週間天気予報では、それぞれの日の予報の信頼度がA、B、Cの3段階で示されている。アンサンブル予報を行い、個々の計算結果のばらつきが小さければ確度が高いのでA、ばらつきが大きければ確度がやや低いCになる（図6－10）。

■この猛暑は地球温暖化のせいか？

気象がもつこのカオスの性質を、じつに巧みに利用した研究手法がある。「イベント・アトリビューション」という手法だ。

2018年の夏、日本が猛暑だったことは、すでにお話しした。これは地球温暖化のせいなのだろうか？　こうした問いに気象学が答えられるようになったのは、2010年ごろからだ。気象庁気象研究所チームの研究によると、2018年の猛暑は、もし地球温暖化がなければ、おそらく起こらなかったという。この推定を可能にしたのがイベント・アトリビューションだ。

「アトリビューション」は、出来事などの原因を特定すること。ここでは気候の変化のうちで、二酸化炭素の排出のような人為的な要因がどれだけ影響しているかを推定することを指している。これを、豪雨や猛暑といった特定の気象に対して行うのがイベント・アトリビューションだ。

この研究では、まず、実際に観測された海面水温や現実的な温室効果ガスの増加といった条件のもとに、現在の気候をコンピューターで再現した。大気はカオスなので、おなじ条件で計算しても、初期値などの違いによって別の結果が得られる。そこで、アンサンブル予報とおなじように、初期値をわずかにずらした１００通りの計算を実施した。つまり、温暖化した現在の条件で実現しうる１００個の地球を集めたわけだ。これを、地球温暖化がないと仮定した場合の１００個の地球と比較した。

その結果、２０１８年7月の猛暑は、現在の気候では20％の確率で出現することがわかった。5年に1回の発生確率だ。一方、もし地球温暖化が起きていなかったら、この猛暑の発生確率はほぼ0％。まず起こりえない猛暑だったことがわかった。地球が温暖化したぶん気温が上がったというストレートな関係ではないが、地球温暖化は、たしかに猛暑の発生確率を高めていたのだ。

ローレンツの指摘であきらかになった、気象がもつカオスの性質。真鍋さんがノーベル賞の受賞にいたる研究に取り組み始めたのは、気候予測の可能性への懐疑が渦巻くそんなころだった。予測を拒むこの性質を超えて将来の天候を知りたいというわたしたちの思いが、気候予測やアンサンブル予報、イベント・アトリビューションなどの手法をも後押ししたのだろう。わたしたちは、もうカオスと闘うのではなく、すでにその付き合い方を学びつつあるということなのかもしれない。

■線形と非線形

「線形」と「非線形」は、気象学の森に深く立ち入ろうとすると、かならず出くわすキーワードだ。単純な「線形」と複雑な「非線形」。気象は複雑な現象だと言いながら、これまで説明してきたロスビー波は線形のロスビー波だ。なぜ線形の考え方で説明してきたのか？　その点について、もうすこし補足しておきたい。

さきほど、線形なシステムは、原因が2倍になれば結果も2倍になる単純なしくみだと説明した。もうひとつこのシステムで特徴的なのは、「重ね合わせ」ができるという点だ。

水面の波を考えてみよう。波の方程式は、「振幅がとても小さい」と仮定すると線形になる。この場合の波の重ね合わせについて説明しよう。

いま振幅が1メートルの波が左から右に進んでいるとする。そして、振幅が2メートルの波が逆に右から左に進んでいるとする。このふたつの波がぶつかると、互いに相手をすり抜けていく。そのとき、それぞれの山と山が重なったところでは振幅が3メートルになる。

この線形のシステムでは、1＋2＝3の単純な重ね合わせがきく。片方の波はもう片方の波に影響しない。振幅の大きい波が小さい波にエネルギーを分け与えたりもしない。ぶつかった瞬間は振幅が足し算されるが、通り過ぎれば、また元のままだ。

これは、見方を変えると、複雑そうにみえる現象でも、もしその現象を線形だとみなすことができるならば、いくつかの単純な現象の重ね合わせと考えてよいことになる。さきほどの例でいうと、ふたつの波が重なり合ってできた波形は複雑だが、実際には、反対方向から進んできた単純なふたつの波だと考えてよいということだ。それぞれの波について答えを求め、それらを足し合わせると、元の現象の答えになっている。

一見すると複雑な現象でも、こうしてその「部品」を抜きだして調べ、それぞれの素性がわかったら、また組み合わせて元の現象に戻って考える。「部品」を理解することが、その現象をよく知ることにつながる。複雑な現象に潜む単純な本質を理解したことになる。この本で説明してきたロスビー波や地衡風の考え方も、こうした「部品」にあたるものだ。

線形の方程式は紙と鉛筆で解けるが、非線形の方程式はまず解けないという事情もある。ロスビー波は西にだけ進み、そのスピードは波長が長いほど速いという性質は、単純な線形のロスビー波を考えたとき、いちばん明確にわかる。この方程式の特徴を手計算で曇りなく調べられるからだ。

ただし、この単純化と引き換えに失っているものもある。波長の短いロスビー波と波長の長いロスビー波が混在して、それらがエネルギーをやりとりしている可能性などだ。線形の考え方ではそれぞれが独立していて、おたがいに影響を与えない。もしそれを調べたければ、単純な線形のロスビー波で基本をおさえ、そのうえで非線形に特有の効果を探っていく。気象学は、こうして発展してきた。

手計算で解けない非線形の方程式は、コンピューターで解く。天気予報もこうしている。これは「解く」といっても、中学や高校で方程式を解いたときのように解を求めるのではなく、気圧や気温などがこの先すこしずつ変化していく様子を、この非線形方程式を使って追跡するといったほうがよいだろう。あすあさっての天気だけでなく、１００年後の気候をコンピューターで予測する場合も、基本的にはおなじだ。

「部品」の足し算で気象は再現できない。だからといって、「部品」の理解なしには気象を理解できない。そこに、あえて単純化した線形のロスビー波などの「部品」を考える意味がある。

この本でおもな対象としたのは、コリオリの力が重要になるスケールの大きな現象だ。したがって、前線や雲のでき方といったスケールが小さめの現象に触れることは、あまりできなかった。

気象の魅力のひとつは、街角のつむじ風から地球規模の波動まで、大小さまざまなスケールの現象がそこに含まれていることだ。自分にとって未知で興味がわく現象を選び、その背景にある物理を手がかりにしてひとつひとつ攻略していくのも、また楽しいのではないだろうか。

あとがき

科学の本を書くとき、心がけていることがあります。それは、歯を食いしばらずに、知的な満足感をおぼえながら、いつのまにか読み終えている本にすることです。

そのための作戦のひとつが、その場で必要なことは、どんどん盛り込んでいくこと。まず数式を示し、そこから導かれる結果として現象を説明する教科書的な無駄のない書き方は避けました。最初の式や原理の説明でギブアップとなったら寂しいからです。

たとえば、コリオリの力を本格的に説明したのは第4章ですが、それ以前の章でも、必要なかぎりにおいて登場させています。水泳の理論を学び終えてから初めてプールに入るのではなく、泳ぎながら理解を深めてほしいのです。

もうひとつは「ストライクゾーン」です。

気象学にしても物理学にしても、学術書の書き方にはきまったパターンがあります。このパターンに沿った説明のしかたが、専門家にも違和感なく受け入れられる、いわばど真ん中のストライクです。

ですが、野球のストライクゾーンは、その一点ではありません。外角低めあり、内角のひざ元あり。正統派ど真ん中の説明ではハードルが高いと思ったとき、あえてそこから離れ、先へ先へと進んでいけるように工夫したつもりです。進んだ先には、新たな景色が待っているのですから。ただし、それがボール球になっては、サイエンスライターとしてアウトです。かならずストライクゾーンに収まるように留意しました。

そして、気象について語ろうとする専門家が無意識のうちに頭のなかに準備する「暗黙知」を、できるだけ書こうと努めました。言葉にできないからこそ暗黙知なのですが、それを承知のうえで、語るべき土俵をなんとか専門家と共有したかったのです。これには、若いころ大学院で海洋物理学の研究をしていた経験が役立ちました。

こうした作戦が実を結んだかどうか。その判断は読んでくださったみなさまに委ねるしかありません。

わたしが気象予報士の試験を受けたのは1994年の第1回です。あのころは市販の対策本もなく、気象庁の部内向け資料集を入手して勉強しました。いま書店には、じつにさまざまな気象関連の本が並んでいます。そのなかには、もちろん数式を使って、より厳密な説明をしている良書もあります。本書を読んで隔靴《かつか》掻痒《そうよう》感が残る方は、そうした書籍から自分に合ったものを選び、ぜひつぎのステップに進んでください。巻末に参考文献も挙げておきました。この本がそのための踏み台になるなら、とても嬉しいです。

ブルーバックスで初めての単著『謎解き・海洋と大気の物理』を書いてから、ちょうど20年になります。この間に、転職、コロナ禍といろいろありましたが、いまも変わらずこうして科学を書き続けられるのは、妻や娘、息子が居心地のよい家庭で支えてくれているからです。感謝しています。ありがとう。

２０２３年10月

保坂直紀

さらに深く理解したい人のために

本書に続いて、このような書籍でぜひ理解を深めてほしい。

◆小倉義光『**一般気象学 第2版補訂版**』(東京大学出版会)

気象予報士試験の準備に必読とされるロングセラー。大循環だけでなく、降水過程や台風のような中規模現象など、対流圏の気象を中心に広く解説している。初歩的な微分や積分、三角関数などの数学的知識が必要。

◆小倉義光『**お天気の科学**』(森北出版)

おなじ著者による『一般気象学 第2版補訂版』の副読本のような性格。大気に現れる物理現象を、より身近に感じることができる。

◆小倉義光『**日本の天気**』(東京大学出版会)

春の嵐や温帯低気圧、台風、秋雨前線など日本列島でよく出合う気象を全16章で解説。こうした具体例をもとに、気象学の基礎を説明している。日本気象学会の機関誌『**天気**』の連載をまとめ直したものなので、テーマはなじみ深いが解説のレベルは妥協していない。

◆木本昌秀『**「異常気象」の考え方**』(朝倉書店)

大気の大循環を概観し、その流れの標準形からずれた「ゆらぎ」が異常気象をもたらすという立場から書かれている。数式を追おうとすれば、大学初等レベルの数学的知識が必要。

◆田中博『**偏西風の気象学**』（成山堂書店）

ジェット気流が吹く中緯度の偏西風帯の大気大循環を扱っている。大学の講義をもとにしているため、ややレベルは高いが、偏西風やそれに関連する現象の物理的側面を理解するには好適。

◆坪木和久『**激甚気象はなぜ起こる**』（新潮社）

猛暑や豪雨、台風など災害につながりかねない現象の話が中心だが、その背景としての大規模な大気の流れについても解説されている。やや高度な内容も含まれるが、教科書ではなく一般書として書かれているので読みやすい。

◆廣田勇『**グローバル気象学**』（東京大学出版会）

大学教養課程レベルの大気大循環の解説書。講義で語りかけるような書き方で、熱収支、大規模運動の力学、波動などを説明していく。著者が気象学で大切にしている「哲学」にも触れることができ、「そういうことだったのか」と目からうろこが落ちる体験も。

◆安成哲三『**地球気候学**』（東京大学出版会）

地球の気候を多くの現象が関連しあうシステムとしてとらえ、気候がなぜこのように決まっているのかを解説。著者の専門であるモンスーンについての説明も詳しい。

◆ドナルド・アーレン　古川武彦監訳『**最新気象百科**』（丸善出版）

米国の大学で使う気象学の入門用に書かれた教科書。降水から局地風、大循環、大気の安定度まで幅広い領域を扱っている。日本だと、このレベルの教科書では数式を使うのがふつうだが、本書では大気の物理を数式ではなく言葉で説明している。科学教育に対する考え方の違いだろう。

◆マーク・デニー 保坂直紀訳『**気象と気候のとらえ方**』（丸善出版）

数式で厳密な気象の理解を期す本と、豆知識的に広く浅く概観する本のあいだを埋める一般向けの本。数式をほとんど使わず、気象の背景にあるかなり高度な物理まで言葉で説明している。翻訳にあたっては、日本の読者にもなじめるよう、オリジナルな脚注を大幅に加筆した。

このほか、つぎのような一般向け書籍も参考になる。

◆鬼頭昭雄『**異常気象と地球温暖化**』（岩波書店）
◆住明正『**地球の気候はどう決まるか？**』（岩波書店）
◆田近英一『**凍った地球**』（新潮社）
◆筆保弘徳編・川瀬宏明編著『**異常気象と気候変動についてわかっていることといないこと**』（ベレ出版）
◆安成哲三『**モンスーンの世界**』（中央公論新社）

【わ行】

【た行】

【さ行】

さくいん

N.D.C.451.3　259p　18cm

ブルーバックス　B-2245

地球《ち》球《きゅう》規《き》模《ぼ》の気《き》象学《しょうがく》
大気の大循環から理解する新しい気象学

2023年11月20日　第1刷発行

著者　保坂直紀《ほさかなおき》
発行者　髙橋明男
発行所　株式会社講談社
〒112-8001 東京都文京区音羽2-12-21
電話　出版　03-5395-3524
販売　03-5395-4415
業務　03-5395-3615
印刷所　（本文印刷）株式会社ＫＰＳプロダクツ
（カバー表紙印刷）信毎書籍印刷株式会社
製本所　株式会社国宝社

定価はカバーに表示してあります。

©保坂直紀　2023, Printed in Japan
落丁本・乱丁本は購入書店名を明記のうえ、小社業務宛にお送りください。送料小社負担にてお取替えします。なお、この本についてのお問い合わせは、ブルーバックス宛にお願いいたします。

本書のコピー、スキャン、デジタル化等の無断複製は著作権法上での例外を除き禁じられています。本書を代行業者等の第三者に依頼してスキャンやデジタル化することはたとえ個人や家庭内の利用でも著作権法違反です。

R〈日本複製権センター委託出版物〉複写を希望される場合は、日本複製権センター（電話03-6809-1281）にご連絡ください。


ISBN978-4-06-530092-3

発刊のことば

科学をあなたのポケットに

二十世紀最大の特色は、それが科学時代であるということです。科学は日に日に進歩を続け、止まるところを知りません。ひと昔前の夢物語もどんどん現実化しており、今やわれわれの生活のすべてが、科学によってゆり動かされているといっても過言ではないでしょう。

そのような背景を考えれば、学者や学生はもちろん、産業人も、セールスマンも、ジャーナリストも、家庭の主婦も、みんなが科学を知らなければ、時代の流れに逆らうことになるでしょう。

ブルーバックス発刊の意義と必然性はそこにあります。このシリーズは、読む人に科学的に物を考える習慣と、科学的に物を見る目を養っていただくことを最大の目標にしています。そのためには、単に原理や法則の解説に終始するのではなくて、政治や経済など、社会科学や人文科学にも関連させて、広い視野から問題を追究していきます。科学はむずかしいという先入観を改める表現と構成、それも類書にないブルーバックスの特色であると信じます。

一九六三年九月

野間省一

ブルーバックス　地球科学関係書（I）

1414 謎解き・海洋と大気の物理　保坂直紀
1510 新しい高校地学の教科書　杵島正洋／松本直記／左巻健男＝編著
1592 発展コラム式　中学理科の教科書　第2分野（生物・地球・宇宙）　石渡正志／滝川洋二＝編
1639 見えない巨大水脈　地下水の科学　日本地下水学会／井田徹治
1670 森が消えれば海も死ぬ　第2版　松永勝彦
1721 図解　気象学入門　古川武彦／大木勇人
1756 山はどうしてできるのか　藤岡換太郎
1804 海はどうしてできたのか　藤岡換太郎
1824 日本の深海　瀧澤美奈子
1834 図解　プレートテクトニクス入門　木村　学／大木勇人
1844 死なないやつら　長沼　毅
1861 発展コラム式　中学理科の教科書　改訂版　生物・地球・宇宙編　石渡正志／滝川洋二＝編
1865 地球進化　46億年の物語　ロバート・ヘイゼン／円城寺　守＝監訳／渡会圭子＝訳
1883 地球はどうしてできたのか　吉田晶樹
1885 川はどうしてできるのか　藤岡換太郎
1905 あっと驚く科学の数字　数から科学を読む研究会
1924 謎解き・津波と波浪の物理　保坂直紀

1925 地球を突き動かす超巨大火山　佐野貴司
1936 Q&A火山噴火127の疑問　日本火山学会＝編
1957 日本海　その深層で起こっていること　蒲生俊敬
1974 海の教科書　柏野祐二
1995 活断層地震はどこまで予測できるか　遠田晋次
2000 日本列島100万年史　山崎晴雄／久保純子
2002 地学ノススメ　鎌田浩毅
2004 人類と気候の10万年史　中川　毅
2008 地球はなぜ「水の惑星」なのか　唐戸俊一郎
2015 三つの石で地球がわかる　藤岡換太郎
2021 海に沈んだ大陸の謎　佐野貴司
2067 フォッサマグナ　藤岡換太郎
2068 太平洋　その深層で起こっていること　蒲生俊敬
2074 地球46億年　気候大変動　横山祐典
2075 日本列島の下では何が起きているのか　中島淳一
2094 富士山噴火と南海トラフ　鎌田浩毅
2095 深海——極限の世界　藤倉克則・木村純一＝編著／海洋研究開発機構＝協力
2097 地球をめぐる不都合な物質　日本環境学会＝編著
2116 見えない絶景　深海底巨大地形　藤岡換太郎
2128 地球は特別な惑星か？　成田憲保
2132 地磁気逆転と「チバニアン」　菅沼悠介

ブルーバックス　地球科学関係書（II）